U0213251

食神漫笔

你不了解的日本料理

〔日〕北大路鲁山人 著
杨晓钟等 译

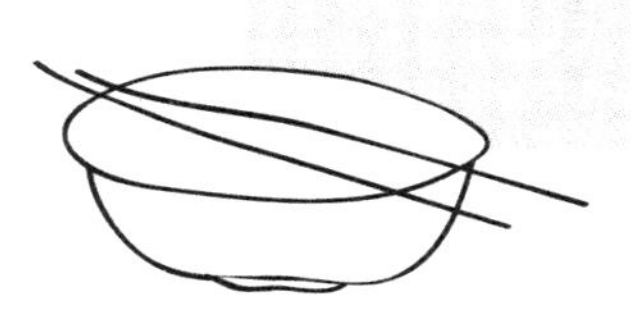

陕西出版传媒集团
陕西人民出版社

图书在版编目（CIP）数据

食神漫笔：你不了解的日本料理 /（日）北大路鲁山人著；杨晓钟译．-- 西安：陕西人民出版社，2014

ISBN 978-7-224-11176-7

Ⅰ．①食… Ⅱ．①北… ②杨… Ⅲ．①饮食－文化－日本 Ⅳ．① TS971

中国版本图书馆 CIP 数据核字 (2014) 第 141679 号

食神漫笔：你不了解的日本料理

〔日〕北大路鲁山人　著

杨晓钟　赵心僮　孟　俭　译

出 品 人： 惠西平

总 策 划： 宋亚萍

策划编辑： 李向晨

统筹策划： 徐　建

责任编辑： 周　远　李向晨

装帧设计： 高洪亮　姚立华

出版发行： 陕西出版传媒集团　陕西人民出版社

（西安市北大街 147 号　邮编：710003）

印　　刷： 北京力信诚印刷有限公司

开　　本： 710mm × 1000mm　1/16

印　　张： 14.75　8 插页

字　　数： 223 千字

版 印 次： 2014 年 11 月第 1 版　2014 年 11 月第 1 次印刷

书　　号： ISBN 978-7-224-11176-7

定　　价： 32.00 元

投稿邮箱 bwcq@163.com

发货电话 010-88203378

序

在中国谁都知道日本餐馆也叫日本料理店，“料理”一词有饮食和烹调的双重含义。乍一看，料理和美学有点隔行隔山，可再一想时代不同了，人们常说吃饭要吃出情趣，要吃得齿颊留香，清心爽口，还要吃得花样翻新，美轮美奂，更要吃得健康时尚，延年益寿。人们常把好吃的说成美食，那如何吃如何品，不就是一种料理美学吗？邻国日本被世人说成“用眼睛吃饭的民族”，其国粹料理一时间名声鹊起，引人侧目。最近，日本和食又被列为世界文化遗产，为日本料理走向世界起到推波助澜的作用。

《食神漫笔：你不了解的日本料理》的作者是北大路鲁山人（1883-1959），原名房次郎。他生于京都，25 岁学习书法和篆刻，46 岁创办美食俱乐部，71 岁受美国洛克菲勒财团的邀请，在欧美等地举办展览和讲演会，72 岁被评定为“日本重要无形文化财”国宝级人物，76 岁病逝。一提到国粹日本料理，人们就会想起北大路鲁山人来。他几乎成为日本料理的代名词。这位普通的日本人，不仅是料理家、美食家，还是多才多艺的艺术家。本书是介绍日本料理唯美唯精的经典。让我们走进鲁山人的美学世界，品味一下日本料理的独到之处吧。

尊重自然，营养平衡

鲁山人说：“料理就是探索食材的合理性。”这就是说，料理应该发挥食材的特点，才能调理出美味佳肴。但不是简单地切好材料，下锅煮煮就能做到。日本料理的理念是发挥材质的优势，根据季节因地制宜，还要考虑用餐的对象，做到有的放矢，营养平衡。这就像医生治病一样，对症下药。厨师要掌握客人的嗜好，做到因人而异。烹制料理要因季节而不同，例如什么季节紫菜最好吃，哪种鱼如何调理才能满足不同年龄人的口味。料理光好吃还不行，在视觉上要有美感，使人的感官得到满足。要想成为料理名人可不是一件容易的事儿。

保持原味，精选食材

在料理选材上，鲁山人有独到之处。他说："美味菜肴要以材料为本，材料不好，厨技再高也无法施展。"这很明显，好料理需要上等材料，选材是料理的关键所在。日本料理的特点在于食材新鲜，选材严格，原汁原味。看上去道理简单，却不容易做到。这需要修身养性和感官色彩等方面的经验。保持原味，精选食材也是日本料理的一大特点。鲁山人在谈到选材时说："黄瓜就是黄瓜，蚕豆就是蚕豆，各有各的味道，在制作时，要想办法发挥各自的天然味道。"有些厨师往往会先考虑如何烹制，容易忽视对原材料的挑选，他们认为只要有高超的手艺，不论什么材料都能调制出鲜美味道。这种看法不科学，因为材料的原味人工难以复制。

时蔬保鲜，切忌味精

一般认为，烹制菜肴时不放味精，味道就好像缺点什么。而日本料理，特别是高档料理，最忌讳的就是放味精了。鲁山人说："一旦厨房有味精，厨师就会变得懒惰，频繁地使用会成为味精的俘虏。”可见，原汁原味才是日本料理的本色。在高级料理或者极品料理中不用味精，却用海带或鲣鱼汤来调味。为了保持蔬菜的原有味道，新鲜至关紧要。日本料理色泽鲜艳，味道清鲜，多使用当天采摘的蔬菜。新鲜的时蔬是日本料理的生命线，连山珍海味、飞禽走兽也应以鲜嫩为上。

红花绿叶，食器生辉

中国有“红花也得绿叶配”的俗语。日本料理色泽鲜艳，味道清淡，餐具也配得得体。这是世人对日本料理的印象。吃日本料理可一边品尝味道，一边欣赏五光十色的餐具。鲁山人如是说：“料理再好，食器粗俗，就不能让人感到愉悦。”美观的食器使料理生辉，低俗的食具令菜肴失色。日本料理的档次越高，食器就越精美，环境也越优雅，再配上身着华丽和服的女招待，更为日本料理增色不少。这不失为品尝日本料理的一大乐趣。鲁山人画龙点睛地说：“食器是料理的衣裳。”这与红花绿叶配的道理相似。可见，品尝料理的意境应为先看、后品、回味、欣赏。也许这就是日本料理的魅力所在。

名厨在于趣味至上

在品味造型优美的菜肴时，常说这道菜又好吃又高雅，不就像艺术品吗？要想成为名厨必须提高鉴赏力，才具有艺术家的眼光。还应对料理创作充满激情，将情趣爱好投入进去。鲁山人认为料理创作需要美学知识，还要有执着的爱和对艺术的追求。他之所以能成为料理名家，是因为他本身就是杰出的艺术家。他的书法篆刻、漆器陶艺都很出色。鲁山人的料理世界也是日本生活方式和社会传统的缩影，更流淌着日本文化的血液。读者可以通过他的料理来理解日本文化及风俗习惯。

综上所述，鲁山人作为日本料理第一人名副其实。他将日本料理上升到艺术高度；他对日本料理深入浅出的讲解，为世人了解日本食文化架起了桥梁。他集艺术家、美食家和料理家于一身。鲁山人将艺术、人生经历都浓缩到料理创作之中。在这个领域里，他是一位不断探索、追求尽善尽美的巨人。在生活上他是一位漫不经心，却勇于实践的探索者。一位评论家说："鲁山人是明治、大正、昭和时代，在那激流中生存的最后的杰出人物。"他的人生也同料理一样丰富多彩，耐人寻味。

读者看完这本书，可能会对日本料理产生新的认识，会发现中日两国的食文化是那么相似，又那么不同；也许会对医食同源产生新的见解；也许有助于今后的饮食生活。怎样吃得香甜可口，怎样吃得赏心悦目，怎样吃得高雅艺术，怎样吃得健康长寿，其答案也许就在本书的字里行间，请千万不要错过大饱眼福的机会。

曹志伟

2014 年 2 月 27 日于名古屋

目 录

我的生活

虽不是名山峻岭，我也在这小山深处度日三十余载，离群索居，不问世事。不过有时也会像快艇一般，不由自主地让生活快进。

不是吹嘘，在这种时候，周围的救援船只由于一切都在超速运转而忙得晕头转向，但在我眼里，一切都进展得太缓慢了。周围的人忙乱，主要是他们的日子都过得不如意。很简单，因为大家都没能和我一样有充足的睡眠，也没有像我平常一样注重摄取所需的营养，并且会为一些无足轻重的琐事自寻烦恼。像我这样，全身心寻找美的生活，仿佛就在另一个世界。

通往鲁山人宅邸的道路——卧龙峡谷

如我般热爱自由的人与加入组织一类的事是无缘的。画联、艺术同盟等完全是别处的风景。

至于一日三餐，我看到多数人是别人准备什么就吃什么，以此维持身体营养需要。他们满足于妻女做好的饭菜或厨师照菜谱做的菜，就这样草草打发了自己的饮食生活。

看到这些，意识到竟然有这么多人对饮食世界一无所知，我很震惊。人们竟不知道什么才是自己喜欢的食物。

这些人不知道人类是自由的，可以像山林里的小鸟、野兽一样不断寻找自己喜欢的食物，获取足够的营养。不知人们是从什么时候起变成这样，根本不去了解饮食，草率应付自己的饮食生活。

我认为现成的食物不可能提供一个人所需的充足的营养。我这个人追求美食七十年，吃自己喜欢的食物，吸收足够的营养保持健康，那些现成食物一直远离我的生活。我一向不以价格高低或广告多少来选择食物。

我深信正是这样使我摄取了自身所需的足够的营养，并保持了健康。在这个已经满头白发的岁数，我还没尝过生病的滋味，起码没有一处可以称为病症的地方。这就是最好的证明。吃得香，睡得熟，仿佛山林里的鸟儿一般活得自由自在，这就是我的生活。

镰仓山崎鲁山人宅邸的星冈窑全景

我早睡，晚起，喜欢睡午觉，晚上一觉睡上八到十二个小时，一睁眼就全身心投入工作，干几倍于常人的工作。每天回家先泡个澡，泡完立刻咕咚咕咚来上几小瓶啤酒。我的家安在人迹罕至的山里，视线里都是淳朴自然的山野。家里摆放着近乎顶级的古代美术珍品，周围还有狗、有猫、有鸡、有鸭子。鸟儿在四周悠闲地嬉戏。我的身边就是这样，没有任何损害健康的因素。也许我的健康就得益于它们。

当然，无亲无故，无妻无子，我这样孤独的生活恐怕也不多见。也许正是没有这些牵绊，我才能过得如此逍遥吧。若是有了兄弟姐妹或妻儿，难免要向生活有所妥协——穷流浪汉不可能让每个家人都满意，也不可能独享自己喜欢的生活和美食。

果真如此，野兽、山禽的生活比人类真不知要惬意多少。它们应该也没有人类那么多病痛吧。

我想像山林里的鸟儿一样单纯，像日出而作、日落而息的山林之鸟一样……

美食七十年之体验

谈美食也并非想象中那么容易。以前，诸如木下的《美味求真》、大谷光瑞的《饮食》、村井弦斋的《食道乐》、波多野承五郎的《探求食味真髓》、大河内正敏的《味觉》，等等，各自都表述了自己的一家之言。可是，一旦触及实质的美食问题，能够表述清楚、值得学习借鉴的却不多。

北大路鲁山人

十分遗憾，他们每一位都受自身美食体验方面的局限，谈不出值得一读的东西。之所以这么讲，是因为他们缺乏亲自做菜方面的经历，看法、想法只停留在表面。另外一个理由便是先天素质方面的欠缺。首先，他们缺少对美的感动。

总之，饮食文化涉及面太广，底蕴太深，似乎无法轻率而论。因此，许多人有关食物的观点从来都是一派胡言。说极端一点，他们既不懂享受美食的方法，也没有足够的学习愿望。

我个人在饮食行业摸爬滚打七十年，也未必能说已穷尽其中之道，仅仅只是进入享受其乐趣的境界。可是，七十年从不间断地埋头于美食生活，结果的确和别人有所不同，有种感觉像是走到了尽头，吃遍了所有极品美味的东西，真正达到在这一领域的游刃有余，无拘无束，因此也难免不产生曲高和寡、“欢乐极兮哀情多”的感慨。这就是今天的我之心境。

这样一来，许许多多认识我的人认为我很不幸。或许情形果真如此吧。也许他们觉得美食怪癖七十年的我，最终也难逃以不幸收场，这不值得玩味、嘲笑一番吗?

不过，在受到大自然诸多眷顾的人世间，食物直接关系到人的生命。任何对于食物的敷衍糊弄都是不能容忍的。成千上万种食物，分别具有各自不同的味道，给人类带来无尽的快乐。心怀感激接受它们的本味、享受它们，这就是用餐，同时也是料理之道。拙劣的料理破坏了食物之本质，使其本味丧失殆尽。这样的料理可谓有悖天理！吃的人，不

鲁山人于烟花节期间在家中烧烤鸡串

哼不哈，毫无反应，只顾填饱肚子，然后不断生病——这不正是众多人的饮食姿态吗？实在令人痛心啊！收音机、电视、杂志上天天都在讲营养学，这是否从侧面告诉人们，我们的社会存在大量营养失调者？

肤浅的营养学研究者似乎把“营养餐”和“营养药”混为一谈。所谓“营养餐”是指口感好、愉悦人类，成为人类精神缔造者的物质；相反，“营养药”却是在病人逐渐病入膏肓时不得不用的是令人极其讨厌的东西。再换个角度进一步来看，营养是人类自身内在的欲求，对于它的摄取、咀嚼，在咂吧舌头、连连称好声中自然维护我们的健康，提高营养效果。正如许多事实表明的那样，一旦某种营养餐被大家评论、认定为“难吃”，那么，其理论上的营养效果又怎能实现呢！

既然谈“食”，就不得不敏锐地观察每种食物所具有的特质，由此钻研寻找料理的技法，合理操作，实现其美味。做到了这一点，其营养功能自然会实现。食用者身心愉悦，健康必然相伴左右。这样一来，对于料理的思考也就具有了艺术性，变得更加有意思。假如心甘情愿被世风日下的奸商料理、心浮气躁的低能料理轻易蒙蔽，世人自然难逃被慢性杀戮的厄运。“衣食足而知礼仪”——此话至真，当今亦不例外。本人绝对没有炫耀自己人生经历之意，不过我还是得告诉大家：按照我一贯的饮食信念坚持下来，这七十年的日子里，我几乎不曾身患什么大病。相反，至今保持气色红润，常常被误以为刚刚喝过酒。首先，我不大会感觉冷；对于酷暑，也能泰然处之。同时，自以为工作量是普通人的好几倍。加之别人送给我的赞美之词——乐观、健谈，从不为没钱花、被人耻笑之类的事犯嘀咕等，所以如今我依然身体健康、精力充沛。一心只追求自己想要的好“饵料”，这便是我七十年的美食经历吧。

日本料理的基本观念

外出旅游时，有时不得不吃火车上的盒饭或是旅馆里的饭菜。那质量，真让人难以下咽。这种日本料理根本就是个应付。相比之下，西餐倒还可吃，中国菜也行。看来，西餐、中餐之类加工相对容易简单，只要记住规程，照章办事，也许人人都能做成。可是，看看日本料理，就做不到这一点。我们得用专业厨师，即便这样，从早到晚还要不断唠唠叨叨，训斥教导他们。不过，日本料理一旦做成，便可以满足所有日本人的嗜好，其菜品口感完全适合我们。可是，这种完全适合的境界却是不易达到的。

在圈内，无论我们再怎样训诫呵斥，厨师们一般也会当耳旁风。因此，想借此宝贵机会，也让他们仔细听听。这样一来，一边给大家作报告，一边也说给日本的厨师们听，似乎有借此场合利用大家的嫌疑，还望谅解。

我们常听人说，给几岁的孩子吃什么样的食品、怎样的饭菜才好等诸如此类的话题。那种吃饭的老生常谈，这里恕不涉及。我今天在这里要说的是这个萝卜和那个萝卜比怎么样，这个水和那个水、这个“什么”和那个同类比较孰好孰坏的细微玄妙之处。比如说紫菜，探讨“怎样的紫菜才是最好的”这类带有比较、评议的话题。再比如说，一流料理店用于生鱼片的酱油各不相同，能否把它们一一区别开来，等等。说句冒昧的话，这些对大家来说恐怕有点太过专业了。总之，我想要说的是：从所谓美食家的立场，要说奢侈也的确是从极其奢侈的嗜好出发，来探讨食品的话题。请大家有个思想准备。

所谓料理即料察食材之理

“料理”二字，字面上就是料察食材之理。不过我感觉似乎其意义更为深邃。总之，还应该有必须具有合理性、切忌违背食材物理、合理处理对待食材等含义。所谓“割烹”①，仅指切、煮之意，没有料察食物之理的意思。所谓“料理”，应该是指始终料察食理、不做违背自然的勉强之事。

真正美味的料理靠“热蒸现卖”学来的技术是做不出来的。邻居家太太能做我也试试的想法是不行的。必须打心底里喜欢、并且拥有敏锐的味觉方能做出好的料理。

料理必须看人下菜

不能把自己的料理强加于人。就像医生必须对症下药一样，做饭菜也应该仔细考虑适合的对象。这自然就需要花心思。医生要对症下药，须了解患者病状；同理，料理师则要分辨食者的嗜好，无论男女老幼，都应当满足其愿望要求。对方是否饥肠辘辘，之前吃过什么样的食品、吃了多少、质量如何，以及其平常的生活、现在的身体状况等都应予以考虑。没有相当长的料理经验，想要顾及这么多恐怕办不到。

味淡、味重也不能一概而论，淡有淡的独到，重有重的妙处。任何味道都必须根据人的嗜好，也就是说不能违背食材之物理。因此，仅仅

① 译者注：日语中指食物调理的另一个词汇。

颜色诱人不行，只凭口感赢人也不够。首先通过变换花样、改变颜色搭配，然后再到追求味觉，总之让所有感觉都得到满足，才能成就美味之大观。看来，想成为名医、名厨都不容易。

选料最为重要

以鸡为原料来看，最能体现鸡肉美味的应该是不大不小的中等鸡。加吉鱼大致以一公斤半到两公斤大小的味道最佳，超过四公斤或更大个儿的味道就有些差。不过，就算味道稍差，大个儿加吉鱼的鱼头用来蒸着吃还是很不错的。大个儿加吉鱼虽然形状和颜色好，看着感觉不错，味道却谈不上。当然，也不能因为小的味道好就专门只选小的，毕竟有时也会有例外，凡事都不能那么绝对。对此，希望大家作为常识尽可能多了解，多琢磨，然后随机应变，择机而处。

美味佳肴原本都要依赖好材料。材料不好，手艺再高的厨师也无能为力。比如说芋头，如果天生质地粗硬，无论用什么方法、任哪位高厨来煮也不管用。鱼也一样，如果本身没有脂肪，不管你是煮是烤，也不管你是涂黄油还是抹海胆，任凭怎样折腾也难入味。这就是为什么要精选材料的缘由。分辨材料的优劣，绝非容易之事。虽然难，经过仔细钻研，加上一定的天赋还是能够掌握的。明知材料不好，抱着听天由命、稀里糊涂试试看的心理是做不出好的菜肴的。

不要妨害食材的原味

不妨害食材原味是料理的秘诀之一。黄瓜就是黄瓜、蚕豆就是蚕豆，各有自己本身的味道。烹饪时一定要尽量注意不破坏这种天然的味道。就说一颗小芋头的味道，人力是无论如何也模仿不了的。所以保留其本味也就是处理鲜活材料的过程本身。比如做水煮豆腐，就一定要找到相应的好豆腐。可是，人们往往不谈豆腐，只探讨酱油、作料等。当然，也不是说这些东西可以不仔细，毕竟探讨这些问题应该是第二位的。比起这些，最最重要的在于研究豆腐。在精心选材的同时注意不破坏材料的原味。这些味道，科学、人工无法造就，必须珍惜！

高档料理忌用味精

虽然近来被大力广泛宣传，但我仍然接受不了味精的味道。一旦味精进入厨房，由于懒惰，厨师们很容易形成过度依赖，使用过量，从而影响菜品口感。我们一直不在料理操作间放味精这类东西。当然，若使用方法得当，味精也可以调制出一些可口的副食菜品，但却不适用于高档料理。总之，眼下若想保证料理的品质档次，尽量不使用味精为好。对于高档料理、极品料理来讲，经验告诉我们，味精之味档次不够且无法保持味道的稳定，还是应该用自己制作的海带高汤、鲣鱼高汤之类来调制才对。

蔬菜越新鲜越好

老年人一般喜欢蔬菜料理。这从健康角度来看也非常好。我因为在镰仓做陶器，在那边有一小块地，所以能吃到刚采摘下来、最新鲜的芋头、大葱等，感觉味道的确不同寻常，非常好吃，有时甚至让人怀疑吃着别的什么美味一般。蔬菜采摘后稍微一放，味道便有很大下降。在东京，自然难以做到了；但在镰仓，我招待客人时，不到做菜紧跟前，我是不会让人去地里采摘蔬菜的。

芋头的情形略有不同。采挖、清洗再到烹煮等几道工序下来，即使新鲜度稍稍下降，因为食用期较长，也无大碍。当然，若能吃上新鲜的那自然再好不过了。现在正是采摘松茸的时节，如果进山现采现烹，一定美味无比。我现在是从京都一带采购，由于每次购量较大，在运输途中，松茸会在筐子中继续生长，等送到时个头会增大。但因为属于无营

唐津土烧草纹绘七寸盘

养源的生长，自然会消耗自身养分，从而导致变味。竹笋也是这样，发货时五寸，收货时一般会多长出一寸。这正是这些蔬菜看似新鲜，其实味道却变得不新鲜（死味）的原因。所以，作为蔬菜的美食原则是：一定要吃真正活着的。否则，便无法品尝到真正的美味。

分辨鱼和蔬菜是死是活，显然前者容易后者难。所以，蔬菜以新鲜的为好，即从采摘到食用所间隔的时间越短越好。加吉鱼等较大鱼类放一两天反而味道更好的情况也是有的。蔬菜在采摘之后的一段时间内仍会存在非自然的发育，因而需要作相应处理。比如把大葱的葱叶部分摘掉，只留葱白部分保存；否则，葱叶继续生长会消耗葱白的营养。白萝卜如果不切掉缨子，则会继续消耗萝卜的养分，应尽快切除。切下来的萝卜缨子可用做腌菜之类，也不会浪费。如此看来，蔬菜保存也有小窍门。不过，说到底蔬菜最好用刚采摘下来的，越新鲜越好。

鱼、禽类体大者可适当存放后食用，体小者则越新鲜越好

鱼、禽类个头越大的越能久存。不过，小型的禽类，如斑鸫、鹌鹑、麻雀等，小型的鱼类，如沙丁鱼、鲹鱼等以刚捕捞或刚宰杀的味道最好。

个头大的东西多来源于海里或山里，存放三五天后反而味道更好。

妙趣餐具、煞风景餐具

好不容易做出来的菜肴，盛装进不相称的餐具，结果会大煞风景。即使菜肴上佳，若配以怪异的餐具，也无法给人以好感。盛装菜品，使之具有鲜活感者，我称之为妙趣餐具；相反，抹杀菜肴色、香、味的称之为煞风景餐具。就像茶艺师们看重茶具，为购得中意之器具，往往不惜花费血本，上乘的餐具可以让菜品锦上添花；相反，餐具低档粗俗，菜品也无法显出品位。总之，菜品和餐具要保持协调一致。

选择餐具，也不单是抽象的审美批评，必须真正喜欢、乐于使用并用心珍惜。它和料理其实有着密不可分的关系。喜爱琢磨餐具，必然会喜爱料理，就像相辅相成的两个汽车轮子一般。

说到底，料理必须从自己喜爱、动手做起步

实际上，要想提高烹饪技艺，必须要自己喜爱，并亲自动手去做。烹饪应该是一种兴趣。不仅仅是作为知识知道怎么做好吃，而是能以极高的热情，愉快地动手去做。这样，通过琢磨餐具等，加深对艺术兴趣的培养，逐渐提高品位，追求更高级别的东西。诸位如果参观完帝国美术院举办的展览会，心情一定不错吧。那是因为各位对美术的欲求得到了满足。如果要追求更高的层次，各位就应该去博物馆了去看看，既能提高对餐具的鉴赏力，同样也能提高对于食品美的认识。比如在菜的切法、盛盘技巧、色调搭配等等方面都会用心。说到底，料理必须从自己喜爱、动手做起步，除此别无良策。仅仅因为老板要求严而勉强学习提高，这样不会有大的长进。希望大家能够逐渐培养对料理发自内心的喜爱，真正愉快地去面对料理。

最后，想就酱油再说几句。酱油色、味太过浓重不利于做好菜，应该选色和味单一的。有一种播州龙野出产的酱油，关西从古至今一直在用。东京以前没有，近来，京畿的山城店开始有售。说实在的，酱油口味不清淡真做不出上等菜品。清淡的酱油既不轻易着色，而且成本低廉，从经济角度考虑只是盐分多，正好更划算。总之，口味单一的酱油可以说是做菜不可缺少的。

接下来想说说刀具，不过因为时间关系，只能简单说两句。一句话，请大家务必选用刃口锋利的刀具。因为只有这样，你才会更加喜欢切东西，自然也就对料理更加感兴趣。

料理的第一步

从前有个懒汉，老婆去世后一人鳏居。他想："我得先找块地，一块肥沃的土地。然后在上面种菜，这样便可每天享用新鲜蔬菜。"

可是，懒汉并没有寻找土地。独自待在家里无所事事。肚子饿时就啃面包。到了第二天他又开始思忖："不单只种菜，还要养牛、养猪，那样便能吃到美味的鲜肉。"

不过，想归想，懒汉依旧没有行动。肚子饿了，就吃剩下的面包。这时不知为什么，懒汉的头似乎有些浮肿变大。

又到了下一天，懒汉又开始做梦。心想："老婆不在了，我也能这样坚持。再等等看，再等等看。实在不行，我也能自己做饭。我要造一间不需要多动就能解决问题的方便厨房。一间明窗净几的厨房。"

可是懒汉没有任何实际行动。肚子饿了，又打算啃面包时，却发现面包没了。他只好到米柜里抓些生米，一边咀嚼一边又开始幻想："厨房先不用急，应该先做一件穿着舒适，有利于干活的简易工装。"

这么想着，懒汉依旧什么行动也没有。拿起妻子生前放在架子上的苹果啃了起来。

懒汉的头好像又有一些增大。

"对了，对了，干脆建个果园。那样一来，每天就有新鲜水果下肚，多爽啊！”

不过，懒汉依旧什么也不做，肚子饿了继续嚼生米。

如此这般，懒汉不断想这想那期间，头不断增大。因为什么都不干，手和脚渐渐萎缩变小。家里能吃的所有东西都吃得一干二净。即便如此，懒汉仍没有停止幻想、空想。他的头越来越大，手脚和身子越来越小。

终于弹尽粮绝，懒汉索性便把自己小得可怜的脚吃了。因为依然停止不了思考，头变得越来越大。实在没办法，最后连自己的身子、手全吃了。

最后，懒汉只剩下用来思考的头和吃东西的嘴。可以说，这懒家伙所想的事都没有错。问题在于一件都没有去落实。社会上存在大量这样的“大头懒汉”，时不时会令我想到这让人不舒服的寓言故事。

自己有了好的正确的想法不讲，别人有了错误、不好的言行也不指出。这样的人大有人在。甚至有人只想不干，正如上文之懒汉。

做好料理的秘诀在于实践。不管我说得对与错，都希望大家给予评判。如果认为正确，则请务必遵守。

我以为，思考固然重要，聆听也同样重要。与之相比，实干则更为重要。

我们常会碰到一些感觉“心有余而力不足”的事情。即使想要去做，完成却需耗费大量工夫。可是，从“希望做”跳跃到“决心做”这一心理变化恐怕一秒钟都不用。首先要有愿望。有了尝试的愿望，进而将其转化成实现愿望的决心。一旦下了决心，就应该迅速执行，付诸实施。其次要坚信：世上无难事！大量事实表明：往往很多人在尝试实践之前，便打了退堂鼓，认为自己无法胜任、完成不了，从而放弃。

料理总是伴随我们的日常生活，因此，其窍门常常离我们很近。不过，发现并最终掌握这些窍门的路程也许不近。可是，再长的路途也一定得从脚下起步！

料理与餐具

近来，食品在多方面引起关注，有关食品的议论也日渐增多。尤其是从营养学方面着眼，对食品的搭配、分量要求开始严格起来。不过，我一直认为：除小孩和病人外，对于有能力依据自己意志、喜好自由选择的普通人而言，那些议论大多属于多余。

因此，也难怪一提到“营养餐”几个字，人们首先便会联想到“难吃”。据我们观察，所谓的“营养餐”，既不属于饭菜，我也不知属于什么东西。

人的食物不同于牛、马，因为人会把食物烹饪之后才吃。这么看来，料理烹饪自然就成为如何使食物好吃的工作。不过，这里我并不是要给大家解释什么是“料理”的概念。唯一想指出的是：那些就此说三道四的医生、料理专家等其他博学之士，虽然就料理正在作各种评论，却没有一个人就料理与餐具的关系谈谈自己的见解。

显而易见，没有餐具便不存在料理。远古时期人们把食物放在柏树叶上食用，这就足以说明当时已经意识到餐具的必要性。简单地说，假如把咖喱饭放在报纸上端给客人，恐怕没人愿意食用。这是为什么呢？显然，放在报纸上的咖喱饭给人一种丑陋不雅的感觉，让人产生讨厌的联想。如果只说咖喱饭本身，无论是盛入干净的盘子还是放到报纸上，本无多大变化。尽管这样，盛放在美丽别致菜盘里的咖喱饭会让我们在愉悦中享用；而放在报纸上的，单是看一眼就会让人浑身打战，眉头紧锁。这足以说明餐具之于料理的重要作用。

虽然这样的感觉每个人都有，但在美食家、美食通一类的人那里，这种感觉会变得越发敏锐。越是知食真味，对料理便越挑剔；对料理越挑剔，便对盛装料理的餐具越讲究。这是一种必然。

然而，现在众多专家一方面对料理评头论足，热议不断，一方面却对餐具只字未提。这意味着：要么他们对料理依然缺乏见识，要么就是他们未必真懂料理。

明察以上道理，接下来的许多问题便有了答案。从料理加工者的立场来看，这道菜应该盛装进怎样的器皿；使用这样的器皿时，料理必须如何加工才好等。餐具和菜品应该作为一个整体加以考虑，如此一来，对于料理的认识便会更广更深。

再从其他方面来看，可以说产生好餐具的时代往往也是好菜品辈出、料理有较大发展的时代。从这层意义上来看，现代不是料理的快速发展时期，原因是现代并没有什么好的餐具产生。

“中国料理世界第一”，这是那些饮食界一知半解者常持的观点。同时，一般大众也就随声附和差不多第一应该是中国吧。可是，我个人

北大路鲁山人制作：金襴手贝纹轮花杯

的观点是：中国料理真正赢得世界第一的辉煌是在明代，并非现在。这一点只需看看中国的餐具便不难明白。在中国，无论是古染工艺还是红绿彩绘工艺，餐具作为艺术品达到鼎盛时期都在明代。到了清代，品质已开始下滑。到了现代，更是难上档次。也难怪，品味当今中国料理，难有让人为之感佩之物。

进一步考察餐具，便可推知其料理的内容。中国餐具绚烂多彩，外观气派；西洋餐具清一色纯白，坚持洁净至上；日本餐具注重内质淡雅。这不仅仅代表各自料理的特征，甚至也折射出各自不同的国情。

如此一来，无论从哪方面看，料理和餐具都不可分离，恰似夫妻一般，关系密切。只靠舌尖来判断菜品味道表明还处于料理领域的初级阶段。要想提高档次，吃出品位，不单是食材，餐具也要亲自挑选。当然，更进一步，餐厅、正堂的装点布置也和料理有关。这里仅就关系最为密切的餐具加以讨论。这是日本厨师们首先应该解决的大问题。

什么是好的料理、好的餐具，这是接下来的问题。但是，遗憾的是，当今日本餐饮界普遍还没有意识到这一点。

务必拯救日渐衰落的日本料理

（我今天的发言）要说成报告会的话，感觉像学校里的工作一样，限制太多很是无趣。还是别说成什么报告会，就当是和大家促膝杂谈的聚会吧。

首先，参与杂谈的诸位要是没有“料理”的概念，便会说者信口开河，听者云里雾里，更无法体会吃的乐趣。所以我们先来确立一个根本的概念。演示和讲演同时进行效果最好，所以咱们先说一下概念，然后再和大家一起畅所欲言，学习料理的基础。

此次杂谈，我本想人数不能超过二三十人，不想很多熟人都热情地表示要来，盛情难却，只好让大家都来了。

面对众多来宾，如何才能让各位都有所收获呢？想来想去，我决定将大家按不同内容分成若干小组，分别给出建议。比如，有的组谈黄瓜怎样切好装盘，有的组说茄子怎样煮，还有别人送的鱼怎么做等。其中可能有的来宾在这些方面很在行，我想请这些来宾协助我一起给大家更好的建议。

说到这儿，可能有人觉得没什么听头准备打道回府了，也可能有人觉得还不错，姑且听听。

我们做菜，并不是出于要做出可口漂亮的菜肴以展示自己高超厨艺的理性思考，而是太享受做菜所带来的乐趣从而乐此不疲。

各位熟知的明治时期的元老井上侯爵一直到晚年都亲自下厨，生火做饭。据说他的女婿铃木馨六常被老丈人叫去生炉子，为此叫苦不迭。井上老先生是绝不把灶台之事交给厨师，定要亲力亲为的人，因此，他总是不满足光看厨师掌勺，非要自己亲自下厨不可。在今天看来，井上侯爵身上有一种别人没有的人情味儿。他散发出的独特的人格魅力，让人不由得生出喜爱和亲近感。

从这个意义上说，有心学习料理的人必须先要喜欢料理。如果不喜欢便会半途而废。就会慢慢觉得麻烦，失去其中的乐趣，最后成了叶公好龙。总之将做不出可口的菜肴。

而且如果不学习料理方面的基本概念，就会像我前面说过的那样，做起来稀里糊涂，毫无章法。别的人看了也会觉得上当受骗，认为料理之事不值一提。

学习料理的概念也需要实际操作。实际动手会使人意想不到地产生兴趣，同时也会懂得料理的概念。也就是说，理论上的概念和实际操作缺一不可。

好料理之根本，当然理论为先，但实际操作中如果不了解原材料，料理是不会好吃的。

重视原料，是指熟知原料原本的味道和特质并能灵活运用。不论是鱼，还是煮汤汁的海带或木鲣鱼，它们具有人工绝对造不出来的珍贵的原味，因而使其充分保持本色是最为重要的。同样是白萝卜，刚从地里拔回来的新鲜萝卜要尽量保持其鲜度，放蔫儿了的萝卜则要做相应处理。鲜度不一样的原料不能一视同仁。这是能否正确使用好原料的关键所在。

在这一点上，首先要甄选原料。挑选所有原料时都一定不能带有成见，要就物论物，看了实物后再选择。这样，用同样的钱也许能买到同类中品质好上若干倍的原料。

调料也要精选。光看木鲣鱼的重量和海带的张数是无法分辨其好坏的。要知道鲣鱼的成色、海带的品质，还要知道用在什么地方，否则就做不出好吃的料理。

在我所知的家庭中，几乎没有哪家有好用的木鲣鱼刨子，尽是刀刃迟钝，或太难用只好用小刀等工具代替的。用这样的家什怎么可能做出美味的汤汁？而且一日元的木鲣鱼只有五十钱发挥了作用，非常不经济。

先不说这些，最起码，如果不了解木鲣鱼怎么削、海带怎么煮，即使表现得对料理很内行，实际上也不是真正的行家。

再说到料理，它和诸位穿的衣服一样有正规宴席也有家常便饭。同样是宴席用的菜肴也会由于客人不同而有所差异。宴席形式多样，家常饭也花样繁多，既有高雅别致的，也有朴素实用的。宴席亦然。我们要知道料理大致分为两类，或注重原滋原味，或只讲究形式。而且还要根据四季变幻体现季节特色。只一个萝卜泥的做法就多种多样。

也就是说，重要的是根据对象和时机选择合适的料理。对累得筋疲力尽、肚子饿瘪的人来说，再好的料理如果等了好久才端出来也完全不觉得好了。不管三七二十一尽快做出来的就是美餐。注意把握对方的饥饱程度是十分重要的。为农民、体力劳动者准备的菜量要大，而对口味高、比较挑剔的人就可以在量上相应减少。我们一定要综合考虑对象、时间、场合等各种要素。

料理需看人下料。要有不论对方是谁都能做出适合对方的料理的机智。

一般看来，原料都是越新鲜越好，可是鱼类不能一概而论。通常大鱼放一定时间后会比刚捕上来时好吃，而小鱼要尽可能新鲜，放了一两天的一定不好吃。鸟禽类同样，大雁、鸭子等大型鸟禽类也是放一段时间味道更佳，小鸟等则最好选刚捉到的。不过，蔬菜大体上都是新摘的最好，时间一长肯定不好吃。比如蚕豆，从田里刚摘回来的蚕豆用水一煮，就会有普通市面上卖的蚕豆没有的清香。而像东京农贸市场上卖的那些东西，一整天过后就会变质，很难吃。萝卜之类的蔬菜也是，刚从田里拔出来的萝卜，香脆甘甜，美味无比，根本不需要配木鲣鱼，甚至有了反而破坏其原味。可是放了半天之后，要是不加些调料就吃不下去了。只有蔬菜，必须尽早食用才能不辜负它的好味道。而且新鲜的东西要好好利用它的鲜度，用水一焯，稍放点盐，里面不要加底汤，尽量体现它的原味和菜香。蔬菜如果没了特有的香味儿，做出来的料理便失去了意义，所以新鲜的东西只需略煮即可，切忌煮过头。

东西要是放不新鲜了，就用调料让它进味儿，吃吃口感凑合了事。犹如蜡制的盒饭样品里的蘑菇，吃不新鲜的东西得要好好动动脑筋想想怎么做。

在我看来，料理店的料理看上去卖相都很好，但出于生意人（商家）赚钱至上的信条，他们一味地迎合客人的口味，使料理失去特点成为庸俗化的大众产品，就如同浊茶一杯。

只知道一味迎合的料理，一定不是好的料理。可是对此一无所知的人会很青睐料理店的料理，有人还想在自己家里试着做做，这样的料理店兴许会一直生意兴隆，但照搬料理店的做法绝非明智之举。

那么什么样的料理才算是日本料理中的翘楚呢？答案就是茶道中的料理。过去的人设计食谱时十分用心，那种投入至关重要，今天的人做什么事情都敷衍了事。过去的人做出来的是不让客人感到负担，也不显得主人炫耀的恰到好处的料理。它充分合理地考虑到了协调，不花哨、不矫情、不张扬，让对方感觉很舒服，由衷地生出喜爱来。过去茶人的食谱就是这样恰到好处，合情合理，不会贻笑大方。

不光料理重要，餐具的选择也很关键。选择餐具，要靠一双发现美的慧眼。如果不能一一配用恰当的餐具，就无法和料理相得益彰，也少了其中的乐趣。至于怎样的餐具才算好，算合适，算有品味，我接下来在实际演示中具体说明。

装盘的重要性仅次于餐具。装盘的好坏直接影响到人的视觉感受。精心做好的美食可能就因为装得不好，让美味打了折扣。所以装盘方法和数量都必须仔细斟酌。

所谓料理，与烹饪不同，意为活用材料。烹饪一词只能用于饮食，但料理既可以用于政治，也可以用于人。同时，为了让食物有根有据，有用于食物，所以料理二字成了烹饪的代名词。

料理的根本就是予人亲切感，必须要融入料理者自身的灵魂，否则，自己就会像机器一样，毫无乐趣可言。所以要想亲身体验、充分享受兴趣爱好带来的乐趣，不卑不亢，诚实面对本心是至关重要的。

说到底，料理也需要悟性。明白原来如此的那一瞬间即开悟之时。这个窍非开不可。这就是料理的基本概念。今天就只讲这些，下次再具体讲实际操作。

料理笔记

香　鱼

香鱼[1]的食用期从幼鱼开始出现到 7 月上旬结束。长到鲭鱼[2]那么大时，则味道变差。在产生卵子之前味道最佳。

香鱼产地总是会推出各种不同名目的特色料理。其实，万变不离其宗：刚捕捉到的新鲜香鱼，即刻食用，怎么做都好吃。

最好选择没有去肠的香鱼。送到东京来的九成九都是去过肠子的，买时需要留意。

鲜活香鱼的鱼片加工首选冰水处理法，一尾鱼可以切出四至六块鱼片。

---

① 编者注：香鱼，在中国又称秋生鱼、年鱼。很多河流中都有分布，但以浙江省永嘉县境内的楠溪江中的香鱼最驰名。早在清朝时期，此江中的香鱼就因鱼肉醇厚、肉质鲜美而作为皇家贡品 。

② 编者注：鲭鱼，学名鲐鱼，又名青花鱼，中国近海亦产之。

连骨切的做法应该排在第二位。

鲜度好的香鱼宜撒盐烤，稍差的宜涂汁烤。

有关吃法：盐烤鱼宜从头部吃起，里面的脑髓相当好吃。骨头边吃边剔除。肠子美味绝伦，自不待言。

香鱼粥仅次于河豚粥，也算得上烩粥之王。岐阜一带经常食用。将香鱼放入粥内煮熟之后，一手夹住鱼头，一手用筷子将肉剥落进粥内即可。

收获量大时，可以烧烤，可以保存。烤过后冷藏的鱼和烧豆腐一起煮非常可口。

手抓寿司

手抓寿司是男人的食品，不适合妇女。为什么呢？那是因为金枪鱼和寿司一起吃味道才完美。如果像把连体筷子掰开那样把金枪鱼拿掉，则寿司的味道会大打折扣。

食用金枪鱼脂肪寿司等时一定记得配生姜片。虽然金枪鱼适合酸味，但略带腥味，需用姜片来予以纠正。

食法因人而异。一般剥皮食用。但有人觉得金枪鱼带皮好吃，这时，一旦盐、醋等调料用量不到位会有腥味。

我个人更偏爱魁蚶或辣味赤贝和寿司。

紫菜应保持干燥，避免潮湿，并趁干燥脆爽期间食用。如果不是当时食用，则尽量不使用紫菜。

康吉鳗、赤贝请务必选用一定价格以上的材料。这是保证产地正宗的简捷办法——便宜没好货。

虾、煎鸡蛋、鱿鱼等不成问题，完全可以交由妇女、儿童去做。

天妇罗

喜欢天妇罗无法成为美食家引以为自豪的噱头。

天妇罗最重要的当然是材料、芡汁。材料多使用虾。不过，最好不用养殖虾或个头过大的自然虾。个头大只是外观好看，味道反而差。一般选择大小在三十克左右为佳。

其次是食用方法。最好趁热吃，一旦放凉，味道必定下降。

第三是油品。材料、芡汁没有问题，油品质量不过关也不会好吃。

油品选择储存时间较长的芝麻油。

榧子油、山茶油不能单独使用，但掺入三成左右，则可以降低芝麻油香味的浓烈，使味道更加柔和。

如今东京的蘸汁味道甜辣过重，妨碍本味。过去的经典烹饪书上的要求是味淡不甜。

天妇罗配新鲜萝卜泥加酱油吃，应该比普通蘸汁还要提味。

过多强调了蘸汁、芡汁、油以及食用方法，其实在新鲜萝卜泥上做做文章也是很有必要的。

烤鳗鱼串

喜欢鳗鱼并不能表明你已经达到美食家的级别。原因是鳗鱼、天妇罗的美味程度极其有限。对此评头论足、青睐有加只能算是初级美食爱好者。

鳗鱼也需要趁热食用。以前在上野车站前的那家山城屋店主——一位美食家，看他那种把四片鳗鱼肉叠一起，从一端豪嚼的架势，真叫我佩服。

鳗鱼以中等偏下大小味道最佳。

养殖的鳗鱼味道差、腥味重。

八幡产的鳗鱼卷材料一般使用瘦如火钳的最差种类。

鳗鱼分直接烧烤的关西风味和先蒸后烤的关东吃法两种。关西风味好吃但肉硬。各取所好，有得有失。

鳗鱼酒就是在有盖的碗里放入烤好的鱼，浇上烫酒，然后加盖后品酒。这种场合最好使用关西法直接烧烤的鱼。

总之，鳗鱼属吃米饭的菜品，不属于下酒菜。

生鱼片

活用芥末，丰富吃法。近来人们似乎喜欢芥末。应该把它放在生鱼片上，蘸上酱油吃，芥末之味才能充分发挥。把芥末放入酱油内，则辣味消失，不过酱油味会变好。大家应该理解：芥末是味素中品位最高的。

萝卜不新鲜，萝卜泥味道自然好不了。最好选用刚从田地里采挖的新鲜萝卜。

红色生鱼片适宜配萝卜泥。肉脂鲜美不须用酱油，也可用萝卜泥吸入酱油放到肉片上食用。吃金枪鱼鱼片尤其要配萝卜泥。

白色生鱼片只用芥末就可以了。

红色生鱼片适宜吃米饭。

白色生鱼片适合做下酒菜。

生鱼片入茶泡饭美味可口。不只限于加吉鱼，任何生鱼片均可做茶泡饭。注意使用煎茶中口味较浓的茶叶。

鸡　肉

东京尝不到鸡肉之香。不过西餐中所用肉鸡均属雏鸡，鸡腿味道还不错。

京都、大阪稍好，尤其是京都鸟政的鸡肉味道不错。

在东京，人们吃着没有鸡皮的鸡肉还偷着乐，他们其实不识什么是鸡肉真正的味美之处。

鸡肉的最佳状态是带皮酥嫩。

产蛋之前的鸡，其肉为佳。

近来吃起来口感不错的还有鸭和杂交鸭。杂交鸭和普通鸭的脖子都是青黑色，不易区分。可是，煮过之后，没煮烂感觉的用前牙能够扑吭扑吭轻松咬动的是杂交鸭，煮多久都咬不动的是普通鸭。

秧鸡①夏季比冬季美味，鸭子也应该是夏季比冬季好吃。

鸭子传统上属夏季才食用的禽类。

牛肉店里的鸡素烧——牛肉火锅

东京牛肉店的作料不好。最好给现成的作料内再加三成左右的清酒，因为太甜可再加一成生抽。

牛肉里脊不能两面烤，一定只能烤单面。另一面半生半熟，呈桃肉色，就那样食用才对。

文人把豆腐、葱、魔芋和牛肉一起长时间炖煮的文明吃法则另当别论。

---

① 编者注：秧鸡，鸟类，形状似鸡，栖息于水域附近苇丛或稻田中，觅食种子和谷物，兼食昆虫。

锅烧里脊牛肉时，把牛肉多蘸料汁，一定不能做成往作料汁里加放牛肉。

蔬　菜

距离采摘时间越短品质越佳。竹笋、松蕈等食材采摘之后会继续生长，因而变味。

再名贵的青菜一旦不新鲜，身价便大打折扣。

不能小看温室栽培，温室栽培的蔬菜也有其鲜美的一面。

东京的蔬菜与其说吃，倒不如说看着更为养眼。

当然，也有像根岸①生姜那样的名产。不过，随着房子越建越密集，这种名牌生姜的生存空间越来越小。

虾芋的产地在京都车站后的九条；南瓜在鹿之谷；壬生菜当然是京都壬生的名产，不会是其他地方。现如今都被火热的房地产开发挤得越来越没有种植空间了。

甲　鱼

九州柳川、江州彦根及八幡、云州松江等地的天然甲鱼品质最佳。

京都的“大市”② 独家就占了天然甲鱼七成的销售量，依然供不应

---

① 译者注：东京都台东区地名。

② 译者注：日本京都专做甲鱼料理达三百多年的老店名称。

求，如今便出现了天然、养殖混用的现象。

个头大的甲鱼反倒不好，充其量一斤半左右为好。

以炖煮五至八分钟龟甲皮软为宜。朝鲜产的甲鱼，无论怎么养殖，往往煮三十分钟龟皮也不会软。

食用方法以京都“大市”的做法最为上乘，完全用不着海带、鲣鱼等熬制的高汤。

炖煮时给水里加酒调汁为佳。水八成、酒二成、加入少许酱油的汁煮沸后，直接把剁块的带血新鲜甲鱼放入汁里，炖煮五至八分钟即可食用。

河 豚

美食到河豚为止。证据很简单：只要一上河豚，其他食品便黯然失色，少人问津。

生肉片中没有任何品种的味道堪比河豚！

产自三河（日本旧国名，现爱知县东部）、远江（日本旧国名，现静冈县西部）这些地方的河豚连皮都是极品美味！

河豚之味美不是甲鱼等可以类比的，任何美食都无法比肩！

来自下关的河豚已不存在安全问题。

河豚有一种类似酒、烟那样让人上瘾的、其他食品不具备的特别味道。

料理表演

良宽曾说过“吾之厌者有三”，所列“三厌”是：俳句诗人之诗、书法家之书法及厨师之料理。的确如此！深有同感！我不知该大声重复多少遍这样的语言以表达我的同感。厨师之料理、书法家之书法、画家之画实在乏善可陈——这一现象在我们平日的生活里的确存在，感受真切。

可是，导致这一现象的原因何在呢？

良宽所说的“厨师之料理、书法家之书法”一类，应该全部指向那些经过刻意装扮、粉饰，缺乏真诚的作品。就是说，做作的东西要不得。

不过，叫我说，原原本本把家庭料理搬进料理店的做法也未必就行得通。原因是没有客人愿意买账。很明显，家庭料理和餐馆料理有某种无法逾越的隔膜与不同。

其区别何在？家庭料理具有料理真正的诚意，餐馆将其美化、形式化，带有了一定虚饰、欺骗的属性。如果把料理比作人生，那么家庭料理就相当于料理真实的人生，而餐馆料理则相当于外化之后的“戏剧表演”。

不仅仅只是“戏剧表演”，同时也是人类在度过低层社会阶段时所不得不采用的生存手段。然而，之所以一般对餐馆料理持否定观点，源于其“戏剧表演”往往属于“游行示威”型的，参演者多是些演技蹩脚的跑龙套的，缺少名角。如今，对于盛行一时的“什么什么法国料理、茶料理、怀石料理”等标新立异、夸夸其谈的招牌料理，既有人批评也有人欢呼。

我刚才说过，餐馆料理不能照搬家庭料理，这是因为客人不答应。就像实际生活中的某些行为动作不能原原本本照搬到戏剧表演中一样，道理相同。

我们不妨设想在舞台上演绎夫妻吵架的场面。假如有演员看到过争吵很凶的实际的夫妻吵架，想把它直接平移到舞台上表演，那么，原本向对方怒吼的话听上去反而可能像在开玩笑，使悲剧场面滑稽化。和实际生活相比，舞台表演有时需要夸张，有时却需要省略。在舞台上演绎跑步，如果就按我们实际生活中原本的跑步姿势，则效果很难令人满意。

与此同理，餐馆料理是把家庭料理进行美化、定型化，然后搬上舞台进行演绎的一种“料理表演”。不过，一定得具备名角的演技才行。我们之所以对有些餐馆的料理感到失望，是因为那里的厨师不属名角，演技拙劣。

再来看书法。原本为了解决日常事务写信、记日记而发挥作用的书法才是真正的书法，并非那些出于给别人展示书法之美而书写的东西。前者是书法的实际人生，因此才具有书法纯正美的价值。可是，如果一心只想把它做成挂轴挂在正堂龛间欣赏，或者加装框边做成走廊内的装饰品，除非具备相当功底，一般人恐难以胜任。这里也存在把书法家的真迹进一步美化、定型化之类近似戏剧表演性的东西。其结果便是书法家的书法。

遗憾的是，很多时候和厨师一样，书画家中也有不少不是名角，不具备名技其作品作为书法也无法赢得尊敬，关键是我们千万不能以为只要是书画家的作品就一定好。因为他们中间有许多其实只是跑龙套式的表演者。

然而，我们的现实生活中不得不表演的场合却非常之多。广泛与世人相处的公开生活自不必说，一般普遍认为不掺杂“戏剧表演”的个人私生活，其实也并非完全没有表演的成分。

比如说父子关系就是如此。父亲对待儿子和对待朋友时的态度自然会有所不同。也就是说，有必要摆出父亲的姿态，不可能完全赤裸裸毫无保留地面对儿子。

除去相当偏远深山老林中的部落群体，完全不需要“戏剧表演”的人类社会恐怕已不存在。

那么，是否因为戏剧表演有虚假成分就没有必要存在呢？答案是否定的。但是，一旦演技拙劣，则父亲教育儿子的职责、对儿子所产生的正面积极影响也便无法实现。更不要说面对儿子，却像对待朋友那样角色饰演错位，那样麻烦就更大了。看来，即使对于自己的儿子，作为父母的我们也有必要成为名演员。

笼统来看便不难发现，大凡这种演技高者多是社会的成功人士。相反，拙劣者也便是落魄者。

戏剧伴随我们日常起居的方方面面。餐馆作为料理中的“戏剧表演”者，必须达到相应的技能水平。

材料？料理？

常听人们问怎样才能做出可口的美食。

首先，我们来想想什么是美食。

人是习惯的动物。有的人每天必须要喝咖啡，也有人怎么也戒不掉烟。试问咖啡真有那么好喝吗？其实大多数人不是因为它好喝才上瘾，而更多的是因为已经成了一种习惯。人通常有两种情况，要么成了习惯戒也戒不掉，要么日复一日从而厌倦。我要在这里说的，无关习惯，是关于每个人都觉得好吃的美食的话题。俗话说“十人十样”，香烟和咖啡也有味道好坏之分，当然这也许是由于各人喜好不同。而我要说的是味道自身的话题，也就是关于原滋原味的话题。

以前我也说过，所谓的美味佳肴，精湛的厨艺只是第二位的，材料品质才是首要的。都说中国料理一般材料占六分，厨艺占四分；日本与中国不同，在材料上远远优于中国，所以材料要占到九分，厨艺只占一分。关键就在于日本的原料在品质上胜过中国。

有人喜欢甜食，也有人喜欢吃辣。我想说的不是甜或辣这种口味上的独到或精妙，而是想说说成就美食的各种因素中占到九成比重的材料所具有的美妙原味。

好吃的牛肉火锅主要要有好吃的牛肉，美味的荞麦面依赖于高品质的荞麦粉，可口的意大利面也取决于有没有优质的小麦粉。

虾有众多品种。即使同一种虾，本地产的虾也比外地的要鲜美很多，好吃到让人赞不绝口。离开了产地，即使钻研出再高超的烹饪技巧，也做不出正宗产地虾的味道。

同样，各国各地区一定都有当地特有的美味。我们至少都应该知道在自己住地附近什么鱼最好吃，同一种鱼的什么部位最鲜美。

买鱼也是，即使买一块鱼，一般对商家来说随便卖哪一块都差不多，但有人就专门会买鱼身上味道最好的那一块。我们要细细体会哪种鱼的尾巴最好吃，哪种鱼肚子上的肉最鲜美。同时要能一眼看出眼前的鱼新鲜不新鲜。要想分辨这些，不光要用眼睛看，要用心体会，需要一双经验丰富明察秋毫的慧眼。

作为厨师，首先要注重这个方面。这和古董商要以练就一双慧眼为首要任务是一样的。有人说，古董商要做生意，当然要有这样的眼力，我们又不是古董商，用不着看一眼就知道味道好坏吧。这样想可就大错特错了。和古董商一样，做料理的人不是也在用料理做着某种“交易”吗？妻子的任务不就是给丈夫做可口的饭菜，然后让他去工作吗？如果没有这样的热情和诚意，就成不了优秀的厨师，这主妇也当得不够称职。

可以说，“料理是否可口十有八九取决于材料的品质”。因此，我们在选材方面必须竭尽所能，去挑选最好的原料。

火锅料理

冬天，最受欢迎的家庭餐莫过于火锅料理吧。因为无论煮、烤、煎，它都可以让大家吃到刚出锅的美味。

火锅料理绝对不指那些经过煮炖然后放凉的食品。相反，吃着从咕嘟嘟滚烫的锅里捞出来的美味，正是火锅的最大乐趣。因而，论新鲜，没有哪种吃法能与火锅相比。从点火到结束、从材料选配到食用，所有事情都需要自己动手、把握，一切都是具体而生动的。材料是新鲜的，操作者是紧张的，从锅里即取即食，似乎没有停歇和间断。正因为如此，不知不觉中就会喜欢上火锅。

不过，这一切都得建立在材料新鲜的基础上，吃火锅的食材必须是鲜鱼、鲜菜。一旦选料出现问题，则一切将无从谈起。当然，这是所有料理的通理，不只针对火锅。

家庭吃火锅的食材灵活多样，一般不存在特别的限定。前一天得到的盒装成品、熟食，没有吃完的豆腐皮、面筋、魔芋，或者直接用豆腐之类，什么都可以。自我独创，随便组合搭配。火锅在东京叫做“凑热闹”，在京都早先也叫“乐逍遥”。为什么会叫“乐逍遥”呢？因为既有名贵加吉鱼头、鱼酱卷，又有鲜美鸭肉。各种各样的美味材料被盛满大盘不断呈上，富丽堂皇，令人目不暇接，胃口大开，乐不可支。

我觉得“乐逍遥”这个名字非常贴切。相反，“凑热闹”则略显简陋，感觉不是很好。刚才已经提到，火锅料理材料丰富，因此更需要注意盛盘的方法。否则，随便胡乱对付的话，则很有可能给人造成剩鱼烂菜的糟糕印象。

盛盘时，关东的习惯是在盘子里平摆成浅浅的一层。我不喜欢这种方法。像河豚一类属于例外，只能平摆在大盘子里。盛火锅材料最好用深盘，盛高为上。材料如前所述，什么都可以。只是贝类需要留意。适当放一点是可以的；一旦用多，就会破坏火锅的味道。贝类最终会破坏底汤，甚至会妨害其他食材的香味。同时，和鱼、肉的味道也不协调。外国料理常常在烩菜炖肉、咖喱、高汤中使用贝类，往往味道冲突，不协调者居多。这或许因为他们那里稀缺贝类、鱼类，视为山珍海味而加以利用。结果，大多破坏了菜品的味道。

与之相反，日本盛产贝类，似乎用得较为随便。提示大家一句：过量使用贝类会造成菜肴味道不协调，损害品味（尽量不使用为妙）。

接下来讲火锅底料。底料自然因人而异，爱好各不相同。既有人喜欢清淡，也有人喜欢浓烈。一般说来，清淡往往适合饮酒者；而吃米饭的人则希望后者。这也正好是各取所需、各自按自己口味调汤的“凑热闹”的特色与优势所在。

调料碗最好预先一次调好调足。如果边吃边调，随时加糖、加酱油、加水等，难免或甜或咸，则可能导致调料汁味道不统一，味道飘忽不定。另外，几个人轮番调配，味道自然会有波动。即使一个人调制，也未必能保证每次口味相同。毕竟，味道是极其玄妙的东西。总之一句话，调料汁务必提前准备足量，味道不要过重为佳。不过，毕竟最终也要视每家各自不同的口味。调味汁所需作料工夫大家应该知晓，一般为白砂糖、酱油和适量的酒。当然，酒要上等好酒，可适量多加。一般使用温热过的。原因很简单：温热后酒精含量减少（本身目的也并非借酒消愁）。

火锅料理材料以鱼为主，因此，比起鲣鱼，底料还是选海苔的更合适。无论材料还是加工过程，一切保持新鲜是火锅的生命。关东煮之所以能流行，这也是原因之一，绝对不是因为烹饪手段高明。便宜的关东煮之所以能让大家觉着美味，就在于站着等刚煮好的东西下肚，并非食品本身好吃。吃着刚出锅、几乎烫舌头的新鲜食品，人们便得出关东煮好吃的结论。其实不然，它是很粗简的食物。

就是这样一种关东煮，因为新鲜，也让人们得到了味觉的享受。火锅之所以能叫“屋檐下的关东煮”①，是因为带给了我们更高的享受。关东煮、天妇罗我都吃过，也有站着品尝的经历，味道大致清楚。不过，我所讲的火锅料理，远远比它们高级。其料理方法更富于独创性、艺术性。

火锅料理用来招待关系融洽、特别要好的人，一如家人一般，其乐融融，热闹而随意，再合适不过了。

接下来谈谈做法与吃法的要领。比如，以加吉鱼为主料，用餐人数三到五人。首先煮相应人数一次能吃完的加吉鱼。煮好后全部捞出。然后加入青菜。鱼头等已在锅中形成足量胶质鲜汤，这时的蔬菜正好吸收。判断材料性质，将含有胶质和吸收胶质的材料交替加入。并且，最好每个轮回的材料基本吃完后再进入下个轮次，以保证到最后也能吃到不同材料的鲜味。看来，火锅的吃法也是颇有讲究的。

我以为，火锅料理材料的盛盘方法和插花艺术没有太大差异。所谓插花，就是尽各种努力使自然的花草等以尽可能自然的状态保存下去。料理也是同理，是为了让自然、天然的材料给人类带来味觉享受而下的工夫，同时，也能给人们带来视觉上美的愉悦和享受。用心之道和插花别无二致。

一般家庭里，只有在一些特别的日子、重大仪式活动的时候才会极

① 译者注：源于关东煮多是户外经营的情况。

力装扮，而平时则胡乱凑合应付。我认为这是一种陋习，不可取。要获取美的生活，只靠有限的特别日子是不够的，而应该随时、随地，面对任何东西都不能忘记美的创造。

我想表达的是日常生活的美化、每一天日常便饭的美化问题。在注意选料的同时，准备材料时的盛盘方法也要注意，也值得下工夫。下工夫并非等同精工细作，而是指如何接近自然。就说火锅材料的盛盘，用心、方法的不同，既可能给人剩鱼烂菜大拼盘的糟糕印象，也可能给人带来视觉美感，让人得到艺术享受。

从盛盘做起，当你希望得到更好的效果时，自然会去关注餐具，进而也就会对陶器、漆器等逐渐产生兴趣，给予关注。

香鱼的吃法

由于各种原因，通常一般家庭做不出好吃的香鱼。吃香鱼要选三四寸长的小鱼撒上盐烤才最地道。不过普通人家很难弄到新鲜的活香鱼。在东京之外的个别地方也许有，但在东京，这只能是奢望。即使能弄到活香鱼，如何穿到签子上、如何烤，也会让外行一筹莫展。

大家对香鱼的印象是这种鱼离水即死，所以常以为它很娇气。其实即使把它放到案板上剁掉鱼头，它还照样活蹦乱跳，生命力十分顽强。这种鱼活着时身上黏糊糊、滑溜溜的，想抓住它干脆利落地穿到签子上，对外行来说绝非易事，而在此基础上把鱼完整不散地烤好就更是难上加难了。

用一般家庭使用的质地疏松的木炭自然是烤不出美味的香鱼的。鱼尾被烤煳，鱼身烤得黑焦焦的，糟蹋了好东西。好比把绝世美人变成了惨不忍睹的丑妇，扫兴得很。

所以，我们完全不必为自己家里烤不了香鱼感到惭愧。烤制出色泽诱人、形状完整，一看就能勾起食欲的香鱼，能让食用者获得视觉上的享受，在鱼未入口之前就已经通过想象其香酥可口的滋味而乐在其中了，所以这个工作不可谓不重要。也正因如此，只能在一流的料理店才能享此口福。

总之，味觉享受与形式美有着不可割裂的紧密联系。就香鱼而言，就更要强调其形式美了。香鱼有着俊俏的模样。当然，产地不同也多少有些高下。

越是外形俊美、光泽度好的香鱼，吃起来就越鲜美。正因如此，烤制手法的好坏直接决定了香鱼是否可口。

要想品尝可口的香鱼，只能亲自到产地找一家一流的料理店。最理想的是把刚钓起来的香鱼现烤现吃。

香鱼一般都是撒盐烤制食用，但上等的香鱼做成生鱼片也相当不错。

我小时候还住在京都时曾有这么一件事。一天，鱼店老板送了好多香鱼头和鱼骨来。那是香鱼取掉身子后剩下的杂碎。若送来的是小鱼的鱼杂倒是有些奇怪，但这可是香鱼啊。烤了做鱼汁或和烤豆腐一起炖着吃一定很好吃。

不过，当时还是孩子的我很奇怪为什么会有这么多香鱼的鱼杂呢，于是向鱼店老板打听了一下。人家说是京都三井家订了香鱼生鱼片，所以剩下了这些东西。

天底下竟有人过得如此奢侈，这令我异常惊讶，也叹服不已。那件事让我知道原来香鱼还可以做成生鱼片吃。可是后来我一直是个穷书生，吃不起那么昂贵的东西。直到二十五年前，我终于有机会一了夙愿，把香鱼生鱼片吃了个够。那是暂住在加贺的山中温泉时的事了。

山中温泉所在地的村头，有一座桥，桥名颇有些古意，叫做蟋蟀桥。桥畔有家名为“增喜楼”的料理店。店里有活香鱼、杜父鱼、红点鲑等深谷鱼，还很便宜。在远离都市的山中温泉没什么像样的饭菜，想吃饭的时候就只有去“增喜楼”了。

所以我常常和人结伴去那里吃饭。吃那些深谷鱼时，突然想起儿时听说过的香鱼生鱼片。加上店里的香鱼也很便宜，便立刻请师傅做来尝尝。无语！没有语言可以形容这种美味。我终于明白为何三井家对它情有独钟。

那次我敞开肚子，把香鱼生鱼片吃了个痛快。而且只要有客人来，我就带他们去“增喜楼”请对方吃这道菜。不过，习惯是个奇妙的东西，大部分人都一口拒绝吃它。会担心鱼头怎么处理，鱼骨剔掉没有之类的事儿。按当时的市价，一条要卖两日元的香鱼在这里只需三十钱就能吃到。如果做成生鱼片，一人份大约要花一日元左右。用这样的吃法吃香鱼总让人觉得有些暴殄天物，虽然明知可口，还是很难鼓起勇气去吃。

不过，现在要是找对地方的话，也可以把香鱼做成生鱼片，这种做法启发了我，想到红点鲑也可以如法炮制。

把五六寸长的红点鲑做成生鱼片的话，味道不在香鱼之下。

除了上述吃法，香鱼还可以做成岐阜的烩粥、加贺的葛叶卷或放入竹筒烧烤后食用。这些都是原始做法，是无法按撒盐烧烤这种正宗做法去做的。虽然各有千秋，但很难说哪一种是最好的。有人专门在东京照猫画虎地效仿并以此为乐。这些人不过是些喜用奇技淫巧，满足于吃给别人看的无聊之辈罢了。

香鱼还是应该撒上盐烤，那种热乎乎的、一不留神会烫嘴的香鱼大口咬着吃，才唇齿留香，得香鱼之精髓。

织部釉格子纹长方盘

初尝香鱼的日子

都说香鱼美味，这让腹中藏着馋虫却难饱口福的穷书生憧憬不已。我在年轻时也没能免俗，一段时期做梦都想吃上香鱼。直到二十四五岁才了却这个心愿。当然，之前也尝过香鱼，但兴致勃勃地品尝那些连香鱼通们都评价甚高的香鱼，并点评其美味程度还是第一次。我选中了日光的大谷川香鱼。也许是因为它早已声名在外了吧，为此我揣着仅有的盘缠专门去了一趟日光。

记得那时香鱼都是五六十钱一条，我试着尝了两条。鱼很新鲜，颜色光泽俱佳，卖相也相当不错，的确是上等货。可是老实说，尽管有人赞不绝口，我却不以为然，心里暗自嘀咕："真有那么好吃么?"从那以后，香鱼的味道究竟如何便成了我的心结。

之后不久，我在京都保津川附近真正体会到了香鱼的美味。过了京西岚山的渡月桥，再从山脚向上爬到五分之四的地方，有个岚山温泉。正是这里的香鱼让我醍醐灌顶，体会到了它的美味。记不清具体的年月了，好像那时举国上下都沉浸在一派盛世景象中。据说当时岚山温泉的香鱼一般五日元一条。

京都屈指可数的纺织品名门，今出川堀川①某店主曾告诉我：“在京都一般花两日元就能吃到可口的香鱼了。可是到岚山去一条要花上五日元。虽说京都不小，什么人都有，但估计没有京都人会专门跑到岚山去吃五日元一条的香鱼。”

听了这话，当时经济上还不宽裕的我只有羡慕的份儿，没能一饱口福。而心里憧憬着有朝一日能敞开肚子吃个痛快。

到我三十岁左右回京都省亲时，这个一直以来的愿望终于实现了。一方面自己好歹吃得起香鱼了，另一方面内贵清兵卫学长也隔三差五地请客，所以各家店吃下来差不多有几十次。有时候一天之内就会吃上两三次。

宇治的菊屋、山端的平八、嵯峨的三轩茶屋等香鱼做得好的名店分布在京都各处，以某一处为起点，把这些店都光顾一番，对香鱼之妙自然会有所领悟。

① 译者注：京都地名。

弦斋的香鱼

自古以来，每年从春到夏到秋是能吃到香鱼的季节，年年如此。

我倒不觉得香鱼有人们吹捧的那么好吃，但它莫名地有种高贵的魅力，让人吃到它便会心生欢喜。众所公认淡水鱼中香鱼是屈指可数的美味，且有着无比俊秀优雅的身形。不过，在每年进入四月后相当长的一段时间内，没有其他像香鱼这么风味别致的美味鲜鱼才是它能备受推崇的根本原因。此外，身为淡水鱼，但香鱼没有淡水鱼那种腥臭味是它受欢迎的又一理由。至于它气味芳香等，已经说得太多。当然，这也是重要原因之一。

不光是香鱼，对那些享有美名的食物，人们恰恰不会分辨良莠，自然也大多不清楚正宗的吃法。若是些对美食本没有多大兴趣的人，不是我多嘴，他们竟也被冠以美食家之名，立言著书，发表于世，实在让人替他们汗颜。

比如说以香鱼为例，《食道乐》的作者村井弦斋关于香鱼的文章就犯了这样的错误。他说："东京人吃东西爱干净且口头高，所以吃香鱼喜欢把鱼肠取掉。"问题就在这里，认为东京人不吃香鱼的鱼肠是因为爱干净。这实在大错特错，这里说东京人爱干净纯属画蛇添足。

总之，不知道村井弦斋是不是东京人，反正说明他不懂香鱼。取掉鱼肠的香鱼，徒有虚名，不论其特有的香气还是独特的口味都大失水准，已经不配美味鲜鱼的美名了。

而恰好当时由于运输困难，东京人吃不到带鱼肠的新鲜香鱼，弦斎的话又暴露了他味觉上的缺陷。如今被称为美食家的队伍中，这种人比比皆是。看了他们的书便一清二楚。通常，他们书中的内容大多是照抄字典或将别人的作书东拼西凑而成，真正亲自品尝然后写出的文章寥寥无几。其中大多是普通人很难辨别的内容。连自己都没怎么吃过的东西也敢信口开河地说。在这种世道人们读这样的书，接受这样的经验之谈，把它当做零散的知识记下来，回头不知道什么时候又会照猫画虎现学现卖了。

香鱼之乡

要想吃到好吃的香鱼，其大小和鲜度至关重要。在京都、大阪或东京一带，七月是吃香鱼最好的时节。别的地方或早或晚，略有先后。抱卵前个头最大的香鱼为首选，抱卵后为其次。也有人喜欢外形好看的，不过这都是外行信口那么一说。尽管东京也时兴吃香鱼，全国各地把大量甚至过多的香鱼运往东京最大的鱼市——河岸，可是指望在东京吃到好吃的香鱼原本就是痴人说梦，再挑三拣四的就更可笑了。若非汲溪流湍谷之精华的上等香鱼，且尽早食用的话，终是领会不到香鱼的真味的。连享有盛名的岐阜香鱼在我看来都不算最佳，更何况东京了。

京都保津川的香鱼不错，就是拜地利所赐。在东京就别指望能吃到好吃的香鱼。多摩川也产香鱼，可能是河水水质不适合，味道不敢恭维。我就从来没遇到过好吃的多摩川香鱼。香鱼的优劣与气候及河流的流速急缓关系密切。日光大谷川一带的香鱼味道还行，但必须在当地享用才味美，若是拿到东京来就彻底糟蹋了。这些年来，我早已不奢望能在东京吃上可口的香鱼。

最好的香鱼产于丹波的和知川。在岚山保津川上游和龟冈的分水岭处河水由南向北流去，水流湍急。这里的香鱼外形俊俏，肉质紧致，香味也属上乘。迄今为止，我还没遇到能出其右者。把和知川香鱼活着运到京都、大阪，当天食用的话味道不错，但两三日后鱼脂便大大损耗。即使是活鱼，烤好后也没什么内脏，腹中呈空洞状。内脏的成分多为油脂，若在鱼槽里放上三天，油脂便几乎消耗殆尽。吃香鱼最大的妙处就在这鱼内脏，否则就没了意义。

香鱼讲究产地，不过这种鱼以鲜度最佳者为上，所以说到底还是当地的香鱼最好，而且越小越好。

岐阜人似乎也很以本地香鱼为荣，不过当地河流平缓，故鱼肉虚松，软塌塌的，算不上佳品。据说溪流越是湍急，香鱼肉质越为紧致。岐阜的鸬鹚捕香鱼很有名，不过在将捕上来的鱼做好供人食用方面似乎还没有什么心得。将来养鸬鹚的渔人应该考虑一下怎样把刚捕到的活香鱼当场做给客人享用。这样一来，岐阜人才有资格谈香鱼如何如何。总之，各地的人们之所以高谈当地的香鱼如何美味，松茸如何鲜美，蘑菇如何好吃，是因为他们生活在那片土地，能在这些东西最新鲜的时候第一时间享用，隔了时间距离再尝，怎能得其妙处。这就是人们为何执著于乡土特产的原因所在。

不过，地方上的人们没有城市人见多识广，容易坐井观天。香鱼也好，松茸也罢，如果不经过多方尝试和体验，空说好坏是无法把握事物真谛的。如同井底之蛙看到的世界只有井口大小，而不知天地广阔。

举个例子，土佐的鲣鱼肉饼等久负盛名从而为人们所熟知，但实际上味道也不过如此。因为土佐这个临海城市本没有发达的饮食文化，多数人并不知佳肴珍馐为何物。也正因为这样，当地人才觉得鲣鱼肉饼是天底下最好吃的东西。

像这样，凡事不看得高远些便容易狂妄自大。那些城市里似懂非懂之辈大张旗鼓频频鼓吹，才让土佐的鲣鱼肉饼落到如此尴尬的田地。盛名之下，其实不符，做法甚至可以说让人吃着费劲。到头来，井底之蛙只能贻笑大方而已。

关于小香鱼的味道

也有人一直认为小香鱼不入味。我以为其中必有原因，不能简单一概而论。

小田原附近有条叫“酒味川”的河流，记得还处于禁渔期时，附近的居民有人偷偷捕捞，我就从他们那里得到一些，时有品味。大小仅一寸左右，稍加焙烤，口感、味道着实高妙，引人入胜。

当然，最初进入东京的是来自江州地区的糖煮小香鱼，味道着实不怎么样。香鱼实在不可思议，离开水流湍急的逆境，便长不大。即使水势相同，水质、饵料等的因素也会导致每条河流中香鱼的成长率不同。一般规律是大河中的长得大，小河中的相应小。

琵琶湖的香鱼特别小，即使经过一整年个头也不会超过若香鱼。虽然个头长不大，但成鱼依然拥有鱼子。过去人们以为琵琶湖的香鱼品种和其他地区的完全不同。事实上，产于琵琶湖的香鱼仔，从江州流经石山等地落入宇治川，就会成长得很漂亮。不知是否就因为这个缘故，人们终于发现在琵琶湖孵化的香鱼幼鱼一旦放入各处溪流，便会成长为正常大小。近来，似乎各处都在争先效仿这种放流行为。

在琵琶湖地区，把香鱼幼鱼煮过之后叫做冰鱼。这种冰鱼中个头大的就会被做成糖煮香鱼。琵琶湖的香鱼幼鱼数量绝大，可谓取之不竭，如今正源源不断地向各大河投放鱼苗，为全国的香鱼产量提高作着贡献。这对香鱼爱好者真可谓一大福音啊！

不过，前面提到的琵琶湖所产冰鱼，总体上因为个头太小，乍看上去没有人会认为它好吃。可就是这种不起眼儿的小冰鱼一旦进入河道，将会成长为普通大小的香鱼，具备其色香味，依然美味可口。因此，结合刚才“酒味川”的小香鱼等来看，若香鱼如果是琵琶湖的冰鱼，则未必具备香鱼的美味，可是，如果是那些原本就生长在河川里的品种，即使个头再小，也同样具有相当高的美食价值，代表着各条河流的味道。

香鱼的盐烤

初春的味觉可以说始于小香鱼的盐烤。关西自不用讲，在东京能随意吃到新鲜香鱼料理并不是很久以前的事情。

而且，偌大个东京，真正使用天然小香鱼的料理店能有几家呢？香鱼料理还值得大力宣传推广。

现在的香鱼是来自江州的，进入六月后丹波的香鱼便会上市。江州方面属野洲川上游及爱知川上游；丹波方面以和知川的最佳。

天然产的香鱼一眼就能看出。论形状，天然的细长；养殖的粗短。论颜色，天然的多带金黄色，尤其是眼睛下方有一条明显的黄线；而养殖的整体呈青色。此外，最大的不同当然在于：天然香鱼即使只有两三寸大小，也是从海里出发，逆流而上，经过急流险滩上游了百里地，因此鱼鳍的发育显然比养殖的大。而且背鳍尖发黑，尾鳍尖呈红色。一边以岩石上的苔藓为饵料，一边奋力穿行于急流险滩，逆水而上，因此头部紧凑而小，鼻端发达。与此相反，养殖香鱼待在固定水域，有沙丁鱼、蛹等固定饵料，成长迅速，肚子胀大，整体发胖，鳍部并不发达。试闻气味，没有天然鱼的芬芳之香，却有沙丁鱼或是其他什么鱼的难闻气味。即使烤过之后那种气味仍然有留存。

香鱼烧烤时两个关键点是：打串方法和火候把握。串打好后，先做鳍盐，即给鱼鳍施盐。鱼小时，鱼体的盐也差不多顺带一并施放。烧烤时，转火翻烤非常重要，小鱼只需略施少许盐即可。腹部用强火，尾部用余火。尾部若用强火，则尾鳍可能焦煳，香鱼形状残缺，失去了形体美。首先，小心仔细烤好盛盘时向外的一侧，内侧则可稍微用强火速烤。烧烤时请务必使用团扇遮挡以防油脂飞溅。

食用香鱼离不开蓼醋。蓼醋的做法是：先把辣蓼在研钵里研碎，然后用绢滤过去滓，加醋即可。为了防止辣蓼的沉淀，捣碎时可适当加一些米粒。

假香鱼

我在前文谈到过村井弦斎干过把香鱼肠子取掉不要的蠢事，香鱼盛名在外，所以就有些地方卖假香鱼。下面我来聊聊这骗人的香鱼。

以前，在东京吃不到活香鱼。别说活的了，能吃到的都是去了肠子的，所以也可以说以前的东京人吃到的净是些骗人的香鱼。

要是在地理环境优越的京都，能称得上料理店的餐馆按惯例都有活香鱼供客人们享用。不光料理店，连走街串巷给老百姓卖鱼的小贩都会卖活香鱼。

我们小时候常在嵯峨桂河附近把香鱼放进桶里挑着去卖，一边晃桶一边走。晃桶需要与行走步调一致，弄不好香鱼就会死掉。这一度曾是卖香鱼的人必备的特殊技能。

所以，我从京都坐电车送香鱼去东京时就直接担着装香鱼的桶上了车，并在车里一直不停地晃桶。当然，我在每一站都给香鱼换了水。现在回想起来，当时从京都把香鱼运到东京可真是花了不少工夫呢。尽管那时离现在不过才二十五六年而已。

不过，再怎么努力，用这种办法还是不能让香鱼一直活下去。只要将鱼放入鱼箱，最少也要死掉百分之二十。这些鱼不是不能吃，但很难吃。不单单是难吃，若用来盐烤，烤出来后色泽暗淡，没有新鲜劲儿，当一道菜卖实在拿不出手。于是料理店的师傅在鱼身上涂上酱汁，做成照烧①香鱼。但也不能光拿这种东西给客人，于是配上盐烤的活香鱼，取名“源平烧”拿出来卖。有些不懂装懂的家伙不知其中原委，只知道自己点了“源平烧”料理店的老板就会开心。

说到不懂装懂，东京还有更可笑的事情。那是发生在经济形势一片大好的大正八九年的事。在快到日本桥的一条巷子里，有一家叫“春日”的料理店靠卖大香鱼出了名。估计这是店家的一种营销策略。总之，他们家的大香鱼非常畅销，一时间弄得好像不吃“春日”的香鱼就没资格谈香鱼似的。而且酒席上的香鱼还卖出了一条十日元、十五日元这种很有繁荣时期派头的高价，高得离谱。反正太平盛世，人们兜里有的是钱。像大香鱼这种东西东京人稀罕。食客们都是些对香鱼味道毫不在意的暴发户。大个儿的香鱼看起来气派，所以卖得贵正迎合了这些人的心理。于是这些自以为吃了大香鱼就能抬高身价的暴发户便蜂拥而至，非“春日”香鱼不食，一时间捧红了这家店。

由于“春日”的名声太大，我也决定去见识一下。结果一看，那个称为香鱼的东西大得出奇，几乎让人错以为是青花鱼，实在不是能入口的东西。无奈，我只好点了鱼白吃吃。回头想想，这种东西之所以能够如此畅销，如我上文所说，是因为那些对香鱼一无所知的家伙自以为大个儿香鱼气派，从而推崇备至吧。

野本这位日本料理师傅是位能人，大腹便便的他能顺应时势，订购了大量大个儿香鱼，存在葛原冷冻，然后一取出来就销售一空，卖掉后再去取，如此反复。那些不了解香鱼的人们则结结实实地上了他的当。

这种骗人的香鱼不仅过去有，现在在筑地附近也还有人使这种伎俩。

一天，我去鱼市，忽然听到有人说只需十五钱就能买到带香鱼的便

---

① 译者注：蘸酱油和料酒烤。

当。常言道“瘦死的骆驼比马大”，再怎么说也是香鱼啊。再便宜也要三十到五十钱才对，这十五钱的香鱼便当是怎么一回事，我也暗自有些吃惊。

结果，真是天外有天，人外有人。原来事情是这样的，鱼市附近有人将卖不完的香鱼送到冷库冻起来。日积月累，就有了成千上万条香鱼不知道该怎么处理。“臭掉的香鱼还是香鱼”，想这么说也没人会买账。于是有人开始想办法卖掉。反正比扔了强。如此一来，就有了卖五厘、三厘的香鱼，甚至三五厘都不值的香鱼卖出了两三钱的价。

这种香鱼自然是不带鱼肠等内脏的，反正做好的便当里有香鱼，而且只卖十五钱。真不愧是大东京，什么让人咋舌的事都做得出来啊。

烤甘鲷

在东京，这道菜由来已久，由于个头较大，烤起来颇有些麻烦。穿签子要讲究技巧，没头没脑地胡穿一气可不行。

首先要将签子呈扇形摆好，需要时以扇子轴心为中心穿好甘鲷即可。这样拿起来方便，也不必担心烤好后鱼肉会散。实际操作一看就明白了。

同样是甘鲷，在东京被称为兴津鲷，以静冈一带近海捕到的鲷鱼为佳。而到了关西，人们把由北陆、若狭地游来的甘鲷叫做方头鱼，它们生活在北陆的近海海域，以那里的生物为食，所以与兴津鲷有很大差异。兴津鲷这种甘鲷乍看和方头鱼这种日本海的甘鲷很相似，但方头鱼呈浅桃红色，而兴津鲷是和普通鲷鱼近似的红色。方头鱼可以连鳞一起烤着吃，而兴津鲷必须去鳞方可食用。

方头鱼可连鳞一起食用，别有一番情趣，遂为一些食客所喜爱。我曾偶然在东京一家料理店吃过一次带鳞烤制的兴津鲷，实在是东施效颦，那味道别提了。东京的甘鲷需去鳞才食，连鳞烤制原本就是个错误。

若狭方头鱼有如此独特的吃法，还是知道为宜。另外，兴津鲷也有种类之分，其中一种叫做白皮。普通甘鲷为红色，而白皮为浅粉或白色，在东京最大的鱼市，价钱是普通鲷鱼的两三倍。一分价钱一分货，白皮的确物有所值。这种鱼一般不生吃，其肉质细腻，非常适合烤着吃。

称为九州白皮的这种甘鲷在关东比较少见，但到九州至五岛列岛一带便随处可见。有人用盐腌好后拿来卖，不过味道不佳，所以卖不到好价钱。有时甚至只有普通鲷鱼价钱的五分之一或十分之一。九州白皮由于价格低廉，体型也大，在小田原常被用做鱼糕的原料。

可是用得太多，多到要用车皮装运，现如今小田原的鱼糕上了颜色，味道也很浓腻，早已没有了从前的好滋味。

甘鲷本为高级鱼类，远距离运输及长时间保存会大大降低其鲜美程度，能在当地享用自然是最好不过。

我曾在意大利的那不勒斯吃过这种甘鲷，在没有美味鱼鲜的国外，这已经是相当有口福了。

清蒸鲍鱼片

这道菜是我在美食俱乐部时代的创意，现在可以算餐馆的一道名菜了。

在关西，伊势鸟羽湾、山阴一带的舞鹤附近出产品质相当不错的鲍鱼，但不论关东关西，料理店一般都选用房州产的鲍鱼。房州鲍鱼以雌体居多，肉厚味甘，属鲍鱼中的佳品。雄性鲍鱼肉质较硬，到夏天这段时期较为适宜食用。因为晚春初夏时节正是鲍鱼长肉的时候，这一时期，鲍鱼的肉质逐渐变得细腻。

做法是将鲍鱼先去壳，用盐洗净，上面铺上萝卜泥一起蒸。一般八十度左右的温度蒸上二十五分钟即可，根据鲍鱼具体情况可酌情增减。鲍鱼越蒸肉质越软，但同时其特有的鲜味也会相应流失，所以可别光想着变软就会好吃。

蒸好的鲍鱼完全放凉后顺着鲍鱼形状片成薄片，然后取黄瓜两寸左右，切成丝做配菜垫在下边。肠子取下切成环状配在一旁，将绿紫苏切成细丝作为搭配也别有一番情趣。

接下来就如大家看到的那样，将鲍鱼肉摆回到鲍鱼壳中。将经过一番精心雕琢的鲍鱼还原成清丽天然的模样，这是料理人希望通过虽为人工却宛若造化的美食体现天然神韵的一片苦心。

这道菜还要蘸上酱醋汁才妙。蘸汁的做法是，六勺醋配四勺料汁，即以四比六的比例将原醋稀释，再配以四勺左右的淡酱油，加入姜汁即可。

在熏风拂面的初夏，这道清蒸鲍鱼实在是道口感上佳，令人心旷神怡的应景佳肴。普通人家，不论是作为男主人的下酒菜，还是供女人和孩子们享用都很合适。特此推荐。

夜话鮟鱇鱼

我和狮子文六先生聊天时说起热海的福岛庆子女士，她曾不屑地说："美国的面包有什么好说的，不都是用来喂金鱼的么！"口头之高，真让人叹服。像这么敢说话的面包专家可不多见。她还嘲笑丈夫是乡巴佬，说"孩子他爸居然特别喜欢包了很多洋葱和肉的蛋包饭"，这位女士实在不可小瞧啊。

从幼年时代算起，至今我已经连续研究了七十年的日本料理，自认略有些不同常人的特质。抱着这种自命不凡的心态我翻阅了福岛女士的随笔，其中关于日本料理的看法完全像出自外国人之口。作为已经离开日本十三年的日本人，记忆中的日本料理变成这样倒也不足为奇，但女士似乎无所顾忌地信笔游走，自身的经验不足在字里行间暴露无遗。日本文化中原本就没有"简单"二字，尤其是美术和料理，即使身居高位也难解美术与料理的精深。也许能把难题化繁为简，抓住要点侃侃而谈恰是女士的聪明之处。若再进一步，现阶段能沉住气再积累些经验，恐怕将来在美食鉴赏界能成大气候。不过，俗话说"智者千虑，必有一失"，女士在热海就闹出了一桩鳄鱼事件，成了笑谈。

那是女士不了解鮟鱇鱼，跟个外国人一样，收到鳄鱼店老板送的假鮟鱇鱼却全然不知。我实在受不了她傻乎乎的天真，一时间大笑不止。

送假鮟鱇鱼的K，当然一开始就知道送的是鳄鱼，送去时女士正好出门了。K拿着一块死鳄鱼肉，把女士当成傻瓜戏弄了一番，而她居然真的上当了，太不可思议了。正应了那句话："欲知其人，先见其友"。

我不了解鳄鱼，鮟鱇这种鱼本是用来做火锅的，味道极佳。鮟鱇有丰富的脂肪、胶原蛋白，吃起来别具特色。这种鱼虽然司空见惯，但在火锅中风味独特，雅俗皆宜。而且这种鱼除了鱼骨全身都可以吃，鱼肉略差，其他都十分美味。在这一点上，鮟鱇是难得的雅俗共赏，不论味道还是外形都很喜庆，惹人喜爱。

问题是白色的鱼肉，这种肉也不是不能吃，不过尽管人们不会故意把它扔掉，但绝对谈不上喜欢。更不会有人只因为喜欢鱼肉而吃它。按我的经验，人们买鱼时一般都会提前告诉鱼店老板不要鱼肉，其他部分则照单全收，包括鱼皮、鱼鳍、下水，特别是鱼肝，最为鲜美。所以说，首先不会有人专门为了吃鱼肉而买鮟鱇。不论K是不是真的将鳄鱼肉块说成是鮟鱇送给了女士，因为这原本就不应该成为问题。

将鮟鱇肉送给家里人就更不可能了。尽管女士乍看生了疑心，但她还是把鱼做了，这就不太像地道的日本人。她只要有一点鮟鱇的常识，就应该直接打电话给K骂他一顿，质问"鱼皮、鱼肝、鱼鳍还有下水都跑哪儿去了?"告诉他："K，你傻啊，从来没有人吃鮟鱇会吃它的肉!"

这样，哪还用得着寻思"这东西是不是鮟鱇啊"。过去的事已经追悔莫及，还是先好好学习身边常见的日本料理吧。我先做一道鮟鱇鱼请您尝尝，包您满意。冬天还早，我有些等不及了。

俊俏的条纹鲣鱼

鲣鱼生镰仓，十里报春来。（芭蕉）

新绿入眼帘，子规声声啼春俏，鲣鱼初来到。（素堂）

鲣鱼上市啦……江户人一听到这个消息便迫不及待地开始凑钱，不，哪怕是借钱也要买条新鲜上市的鲣鱼，趁着那活蹦乱跳的劲儿做成生鱼片，不管三七二十一，先干上一杯再说。直到今天，在樱花已经长出新叶的晚春初夏时分，新上市的鲣鱼还是会让人精神为之一振。这新上市的鲣鱼究竟有何种魔力使得人们如此着迷呢？上文提到的俳句作者是原禄时代①的人，所以可以认为那个时代新上市的鲣鱼因稀有而珍贵。可是这种解释在今天并不适用。

尽管可以通过松尾芭蕉的名句感受到新鲜鲣鱼的珍贵，但当年在江户备受欢迎的新鲣鱼一定不是绕三崎走的海路，而应该是通过陆路火速运到江户的。不过再怎么快，当鱼运抵日本桥的鱼市时应该也已经不新鲜了。尽管如此，江户人还是欣喜若狂，甚至当掉家当也要一尝鱼鲜，将其视若至宝。

---

① 译者注：江户中期。

要我说，新鲣鱼要数镰仓小坪（渔夫聚居的小镇）海边刚从小船上运下来的最好。其美味之处，古今同赞。今天东京等大城市的新鲣鱼无论如何也比不上镰仓小坪的。

如今，东京离渔场太远，鲣鱼送到东京太花时间。抛开这个不说，新鲣鱼真的有那么好吃吗？我觉得是江户人言过其实了。

我们最好想一下刚才说的是哪种身份的江户人。应该非富非贵才是。要当掉家什才能吃得起鲣鱼的自然不会是什么大人物，考虑到他们的局限性，对他们给出的评价，要有所保留地看才是。

冬去春来，吃腻了金枪鱼的江户人，用不适合下酒的金枪鱼凑合了这么久的江户人……已经厌烦了肉质不易保存的嫩金枪鱼的江户人，看到映入眼帘的新绿顿时神清气爽，正盼着换换口味的时候，身带条纹、模样俊俏且口感爽滑的鲣鱼横空出世了，怎能不叫人欣喜万分。于是才有人不顾一切非要一享鲜鱼美味。

我觉得新鲣鱼要想好吃，煮的、烤的都不行，非要做成生鱼片才行。这种生鱼片分带皮和不带皮两种。有人不喜欢鱼皮留在口中的感觉，于是想了办法快速将皮烤掉。土佐的鲣鱼肉饼就是这样。不过，鲣鱼肉饼的名声只是那些对城市里的美味佳肴一无所知的土老帽儿们胡乱鼓吹出来的，在我看来既可笑又拙劣。刚烤好的热乎乎的鲣鱼总散发出一股腥臭。不过想要连皮吃鲣鱼的话，土佐将鱼皮快速烤掉的这种做法是有一定借鉴意义的。

本来，不论任何鱼类，鱼皮和鱼肉之间的部分都是十分美味的，所以如果剥皮去骨就相当于损失了一半的鲜美，有时甚至可以毫不夸张地说去了皮和骨的鱼已经食之无味。当然，不是只有鲣鱼如此。鲷鱼的烩鱼杂之所以好吃也正是因为皮和骨头都一起炖在里面了。

以前，关于初春新上市的鲣鱼，人们已经说得太多，如今是夏秋时节的鲣鱼才最好吃。这自然是受益于运输、冷冻、冷藏技术的发达。而这当中五百文到一贯钱能买到的鲣鱼则是最好的。

鳗 鱼

我生在京都，在京都生活了二十年，对京阪一带很熟悉。后来又到了东京，对东京也不陌生。因此要比较二者，我的立场很中立，不会偏倚哪一方。关于鳗鱼的烤法，我也不说谁好谁坏，具体看看再说。

夏天，各地的人们都习惯吃鳗鱼。于是关于鳗鱼的说法便百花齐放。卖鳗鱼的老板也打出“三伏天吃鳗鱼，身体没问题”，“吃了烤鳗鱼，酷暑不消瘦”等口号，大肆宣传鳗鱼的好处。

在这个食欲明显下降的时期，鳗鱼之所以会大受欢迎，似乎是因为其超乎寻常的美味。可是虽然都叫鳗鱼，但其种类繁多，品质参差不齐，真的可以统一说它们都很好吃吗？

这里，我要说的是优质鳗鱼。只有优质的鳗鱼才会美味，难吃的鳗鱼好从何来？而且难吃的鳗鱼营养价值不高，也无法让人为之欣喜和雀跃。即使品种相同，不同大小、鲜度的鳗鱼味道也有所差异，仅凭鳗鱼之名，无法判断出它的味道和营养价值的高下。

穷人说光闻闻鳗鱼的香味儿就能下饭，如此说来，鳗鱼自然是美味无比。人们常说自己家乡“哪里哪里的鳗鱼好”，也不时听到有人盛赞当地的鳗鱼，尤其以东京的鱼市和京阪鱼市为代表。外行一般很难分辨鳗鱼的好坏，但鳗鱼商很内行，会给鳗鱼定出相应的价格。所以优质、好吃的鳗鱼价格一般都比普通的鳗鱼高出一大截。论味道，野生鳗鱼自然比养殖的好。这是季节、产地及鳗鱼生息的河川环境不同带来的差别。

“几月左右哪里哪里的某某河里的鳗鱼最好吃”，“几月左右哪里哪里的海里的鳗鱼不错”，人们在说好吃的鳗鱼时常会这样说明季节和地点。因为鳗鱼活动的海底及所能吃到的鱼食会发生改变，鳗鱼也凭着直觉相应地追随它们而迁徙。

它们总是用嗅觉本能地寻找喜欢的食物。一旦发现目标，便立刻悄悄靠近然后饱餐一顿。它们能吃饱吃好的时期也正是我们觉得鳗鱼最好吃的时期。不光鳗鱼如此，这个规律在别处也适用。

比如燕子。通常高级知识分子都告诉孩子，燕子是“为了避寒去了温暖的地方”。实际上这是个误解。因为到了冬天，燕子用来维持生命的粮食即昆虫都没有了，所以只能飞到别的地方觅食。不去南方，它们就活不下去。为了生存四处觅食，不光燕子，这是所有动物的本能。鳗鱼改变生活环境也是顺应了自然界的法则。

鳗鱼这种细长、没有心计的家伙把已经熟悉的水域里的食物吃光后，就开始迁徙。在海底食物充足的一段时期里，鳗鱼会暂时停留，食物吃光了便会再次启程寻找新的驻地。我们说六乡川或横滨本牧的鳗鱼好也是这样，说哪里哪里的鳗鱼好，实际上是指有鳗鱼喜欢的食物的地方。

人工养殖的鳗鱼也会因所在地域及水质环境的不同有很大差异。连人工饲养都会不同，是因为水质不同，海潮带来的影响不同，最重要的是饲料不同。饲料不同，鳗鱼的品质将有很大差异。养殖鳗鱼也是饲料合适了便会好吃。不过养鳗鱼的人一味考虑经济因素，总想在最短时间内用最便宜的饲料把鳗鱼养肥以获利，所以人工养殖的鳗鱼虽然个头不小，但味道远远比不上野生鳗鱼。当然，经济因素是一方面，换个角度看，人类想弄清楚鳗鱼到底喜欢什么样的饲料也并非易事。

为了进一步说明饲料的作用，我再以鳖为例聊一聊。鳖喜欢吃蛤蜥或其他肉质柔软的小型贝类。我们看看只长了一颗牙的鳖的大肠就可以清楚这一点。它的肠子里塞满了贝类。可是人工养殖鳖如果也如法炮制的话，费用会升高，所以有一段时期人们给鳖喂鲱鱼。这样不知不觉中鳖身上也有了鲱鱼的味儿，再也没有原来单以贝类为食时那么好吃了。像这样仅仅改变饲料就完全改变了鳖的品质的事例，我们一定不能忽视。

同理，养殖鳗鱼若用它们喜欢的饲料喂养就会好吃，而野生鳗鱼吃不到喜欢的食物时也未必美味。关键在饲料。虽然不能和野生鳗鱼比，但养殖时最好能选择鳗鱼喜欢的食物。

现在市面上卖的鳗鱼只有极少数是野生的，可以说绝大部分是养殖的。不是因为没有野生鳗鱼，而是雇人捉它们要支付相当高的费用。问题出在生意人的小算盘上。如果养殖鳗鱼比野生鳗鱼贵的话，一般人们不会买，这样野生鳗鱼自然就会卖得好。前文说过，养殖鳗鱼只要个头大、卖相好就能卖掉。虽说不是不看味道，但人们选择时味道往往是排第二位的。现在，几乎已经变成一提到鳗鱼就想到养殖鳗鱼了。东京只有五六家店用野生鳗鱼，而京都、大阪则全军覆灭，其中有的店里将两种鳗鱼混在一起卖。

野生鳗鱼以天然食物为食，所以虽略有高下，但一般都很好吃。而养殖鳗鱼中也有味道特别不错的，但必须去相当档次的鳗鱼店才行。

最后说说究竟什么时候的鳗鱼最好吃吧，算下来应该是与盛夏正好相对的寒冬一月。可是，奇怪的是寒冬的优质鳗鱼尽管味道鲜美，人们却不像夏天那么有食欲。人的大脑告诉自己它很好吃，但身体却不需要。而在备受酷暑折磨的盛夏，鳗鱼虽然没有冬天那么好吃却勾得人心神不宁。也许这是受酷热煎熬的肉体本能的一种渴求吧，所以，人们在夏天对鳗鱼情有独钟。当然，另一方面也有传统习俗的影响。

像牛肉，人在冬天也想吃，但鳗鱼、小型金枪鱼等鱼类，人们只在夏天才有食欲。再比如“鲸皮”（鲸的皮和肉之间的脂肪部分），在夏天是美味佳肴，但冬天人们却提不起丝毫兴趣。总之，饮食习惯与人的生理需求关系十分密切。

就我个人而言，要吃鳗鱼的话，天天吃会腻，以三天一次为宜。我希望养殖方法更加改进，能养殖出品质更高、更加美味的鳗鱼供人们享用。

小满津、竹叶亭、大黑屋等几家店可以算一流的鳗鱼店，列出来供大家参考。每家店都时尚又不失雅趣，别具特色。其中竹叶亭的前任店主喜好名画，是位特别偏爱琳派①作品的风雅人士。他收藏了宗达、光琳等当今热门画家的数十幅作品，光这一点就值得一去。也正因如此，今天的竹叶亭显得更有品位和特色。

懂得美的人，不管生意做到多大，总有些不同于普通生意人的气质。

下面要说鳗鱼的烤制方法，外地有明火烤，东京有蒸烤，两相比较，自然是东京的蒸烤更胜一筹。

① 译者注：琳派是日本17、18世纪时装饰画派，追求纯日本品味的装饰效果，在日本艺术史上有着重要地位。

美中不足的泥鳅

泥鳅火锅，味美价廉，营养丰富，大众口味，普通家庭也很容易做，可谓好处多多。不过，唯一缺憾便是不具备贵族气质。这也正是它走到任何地方都普遍受到欢迎的最好反证。

一般而言，火锅大都是冬季的首选，唯独泥鳅火锅是夏季食用。这也是引起大家兴趣的理由之一吧。在东京，比起泥鳅火锅的称谓，“柳川”火锅的叫法更响亮。那么，“柳川”的叫法因何得名呢？

据很早以前的传说讲，幕府末期，日本桥通一丁目附近有一家叫“柳川屋”的火锅店，把泥鳅火锅做到了前无古人的极致。很快便在东京传开，引发好评，不知不觉，人们逐渐把泥鳅火锅改称“柳川”了。这就是其名称的来历。据说，从那时起，风流倜傥之人就以去柳川吃上一顿为时尚。

另外还有一种说法，认为“柳川”或许应该是“九州柳川”① 的简称。九州柳川是日本最优质的甲鱼产地，把那一望无际的田野分割成一个个方块的水渠在盛产甲鱼的同时也出产泥鳅，而且味道之绝，产量之大，令其他地方难能望其项背。现在已经进入大阪市场。终归泥鳅是有

---

① 译者注：日本福冈县西南部地名。

缺憾的食材，其缺憾具有两面性。首先是它独一无二、不可或缺的独特味道，同时却带有腥臭味。可是，好在柳川的泥鳅完全没有腥臭味，堪称无与伦比。

一般而言，甲鱼也难免会带有这样那样令人不爽的异味。但柳川产的甲鱼同样没有异味。这种稀缺的特质一旦被广泛认识、推崇，其身价随之蹿高也在情理之中。

柳川泥鳅大的五寸左右，适合做“蒲烧”①。烧烤出来后，和鳗鱼味道迥异，给人独特的味觉享受。但是，由泥鳅的品性所决定，最好不要勉强用小泥鳅去加工“蒲烧”。

识别泥鳅品质优劣，首先看鱼子。没有鱼子的最好。退而求其次，以鱼子少的为上。原因很简单：鱼子多的泥鳅肉比较少。泥鳅的刨肚工艺一般外行难以胜任，原因在于锥具等没有插到泥鳅的致命之处，即眼睛底部和脊背骨交叉处。只要在此处打上固定的锥具，则泥鳅瞬时就变老实了。

一般认为，泥鳅不分大小，整条放入酱汤十分美味。但是，从视觉效果看，十有八九的顾客看到一整条泥鳅时总会悚然不自在，因此作为普通菜品总不合适。极个别特殊嗜好者另当别论。四五寸长短的泥鳅经过完整烧烤，盛盘时切头去尾，恢复棒状端上餐桌。这样，家庭内也完全能做。在东京，埼玉越谷一带一种颜色发黑的泥鳅品质上等，个头大；和以前在大和田一带盛行的鳗鱼蒲烧一起被称为“土蒲烧”，一度很受欢迎。

泥鳅火锅的要点在于调味汁。注意以下三点，就能保证品味正宗：一、外侧鱼子不能混入调味汁；二、调味汁不可过多残留于牛蒡薄片之下；三、鱼子不能混入牛蒡薄片。

---

① 译者注：把鱼刨开，去骨后加酱油、料酒、白糖等烧烤而成的日本料理之一 。

美味豆腐

要想吃好吃的汤豆腐，首要任务是选上好的豆腐。作料、酱油再怎么考究，豆腐自身不行的话，一切都无从谈起。

那么，哪里有上好的豆腐呢？答案当然是京都。

京都自古以来因水秀而闻名，丰富的水资源孕育出上好的豆腐。京都人在研究素食等成本不高的美食方面水准是一流的，所以京都的豆腐自然错不了。

在东京，以前有种叫“笹乃雪”的豆腐很有名。它的美味也全靠有上佳的井水，如今，井水易处，盛景不再，只有昔日的遗风依稀可见。

也许是因为东京没有好水吧，自古以来从没有人为做出考究的豆腐而钻研它的制作工艺，所以在东京从来都别想吃到好吃的豆腐。而且一般人很难在东京弄到享用好豆腐的最佳拍档——优质海带，所以在东京享用美味豆腐就更是奢望了。

那么，是不是说如今京都哪里的豆腐都好吃呢？且慢，并非如此。如今，即使在秀水之都，制作豆腐的水也变成了自来水，制作过程电子自动化，所有的豆腐都由机器生产，不仅如此，出于经济考虑，使用的豆子也变成中国东北产大豆，如此种种，京都空留一名，上好的豆腐已无处可寻。

不过，在京都的花柳巷，绳手四条上还有仅存的一家按老办法制作豆腐的小店。他家豆腐的制作方法是祖传秘方，求而不得。还好我福星高照，这家主人同意把秘方传授给我。托这家人的福，我也做出和他家正宗豆腐相差无几的豆腐了。还有一个原因就是，我家打出了适合做豆腐的好水了。

如果没有好水，再学到什么秘方也无济于事。遗憾的事，绳手这家店如今也不在了。

有优质的水源，精选出上好的大豆，不使用机器，亲自精心制作，综合上述条件，我也学会制作美味的豆腐了。豆腐好，直接在生豆腐上浇上生酱油就非常可口，都用不着煮。做成烤豆腐就更不用说，炸豆腐块、飞龙头①等都好吃到几乎让人怀疑它究竟是不是豆腐做的。想吃汤豆腐解馋的人一定要选这样的豆腐才行。

嵯峨释迦堂附近，知恩院古门前，还有南禅寺附近的豆腐都很有名，不管哪里，都一定离不开优质的水源和上好的大豆。

做汤豆腐，需要做如下准备：

沙锅　沙锅最好，没有的话银锅、铁锅之类也行。再没有就只有拿搪瓷锅或铝锅凑合一下了。不过，这些锅都不合适，煮起来受热不均且太快，没有那种温厚的闲情。还是架在炉子或火盆上慢慢炖才好。

杉木筷子　吃汤豆腐的话，涂漆或象牙筷子夹不起豆腐，只能用杉木筷子。筷子不滑，容易把豆腐夹住。若有银漏勺就更齐全了。

高汤海带　在装满水的锅底铺上一两张海带，再放上豆腐煮。海带长五六寸，入锅时为避免水开后把豆腐下垫的海带冲起来，要先把海带切断后再放。

调味料　葱末、蜂斗叶花茎、当归、老姜片、七香粉、蘘荷花、柚

---

① 译者注：飞龙头，日本关西流行的一种油炸素豆腐。

子皮、花椒粉，放入这些调料，汤豆腐才能有它独有的风味。其中必不可少的是葱，其他可视具体情况和当时喜好而定。然后再用锋利的刨子刨适量的干鲣鱼。在开吃前刨好味道最佳，鱼香浓郁。

酱油　选用上等品。豆腐蘸酱油前先把刚才刨好的干鲣鱼等调料放进去。煮豆腐时海带味儿已经进入了豆腐，所以豆腐本身也有味道。最好不要用化学调料。

豆腐　（如前文所述）

东京人原本就不知美食为何物，懂得细品口中乐趣的东京人就更是凤毛麟角。而地方上则不同，既有美食丰富的城市，也有讲究美食的小镇或村落。有兴致的人不妨寻访各地美食，细细体会个中滋味。

冻豆腐

冻豆腐[1]也有好坏之分，差别很大，要特别留心。不好的冻豆腐是因为冷冻后晾干时出了问题，弄不好就太硬或太软。

硬到什么程度才合适不太好说，一硬，就干巴巴的；一软，又变成嫩豆腐了。有人喜欢干干的嚼头，有人中意软糯的口感，各取所爱是最理想的。非要说个标准的话，那就适中为好吧。

什锦寿司里的冻豆腐必须要干，所以最好用偏硬的豆腐。

普通冻豆腐的解冻方法是先把豆腐放进锅或者其他容器里，之后撒上小苏打，盖上小锅盖，再放上压盖石，然后从豆腐下方开始转圈式地浇热水。这样豆腐从底部开始解冻，一会儿工夫就变软了。

撒小苏打的时候要在豆腐的上下左右四个角都均匀地薄薄地抹上一层，只用热水的话四个角很难变软，所以别忘了在四个角上也仔细抹上小苏打。不过，苏打放得过多会让豆腐还原成没冻过的嫩豆腐，所以中间部分保持一定干硬度最为合适。

再有小苏打的碳酸味会破坏豆腐的风味，所以要在保证不弄碎的前提下把豆腐放到水里，用恰到好处的力气把碳酸味挤出去。如果弄碎

---

① 译者注：冻豆腐特指日本高野地区自产的一种脱水冻豆腐。

了，豆腐的品相难看，味道也不好，所以保证豆腐完整是关键。挤的时候和挤海绵差不多，豆腐越软挤时越要注意手法。一定要小心再小心。要把碳酸味全部挤掉才行，一般要反复挤五到六次。

解冻冻豆腐绝非易事。它几乎成了一门私传的绝活儿，一定要认识到即使内行做也绝非轻而易举。若是不加以重视通常很难恰到好处地完成这一工序。连京阪制作特别料理的一流师傅都有失手的时候，偶尔才能达到大师水准。

冻豆腐最早是古人利用高野山上的寒冷气候创制而成，如今寒冷地区都纷纷普及了这一做法，种类也渐渐丰富，因此购买时要仔细挑选。品质好的冻豆腐颜色鲜亮，口感也有粗细之分，不常买还真分辨不清，需要丰富的经验。

享用冻豆腐是别有情趣的一种享受，切不可草草为之。希望大家能注意以上几点。

不过，近来冻豆腐的制作工艺不断进步，没有秘方也能做出十分美味的冻豆腐了。所以，我今天说的这些顾虑也许有朝一日会成为历史。

钵形葡萄纹彩绘小碗

说　米

近来，很少能听到有人说播州、越后的米好吃这样的话了。现在的世道，有米就不错了，当然，以前真正懂米的人也不多。

要说好吃的米，过去给朝鲜李王进贡的米就不错，吃起来不是一般的香。这种米产量极少，米粒饱满，看上去外形很好。可惜，因为太好吃了，在其他菜肴是主角时是不能使用的。“太好吃”这种说法可能听起来有点儿怪，米本来就是好吃的嘛。好吃的东西中的极品就是米。因为好吃才会每天食用。尤其是好米，光吃饭就行，其他什么菜都不需要。

而用来做咖喱饭的米一定不能太好，比如用糙米。

糙米和白米不同，是另一种好吃法。吃糙米饭还要配好菜的话纯属画蛇添足，咸菜足矣。也就是说，米饭太好吃，放在菜肴后出场会喧宾夺主。

可是，别说一般家庭，连大多数料理店对米饭都不够重视。

料理店都是如此，厨师就更不把米饭当回事儿了。料理长人称主厨，只管坐在案板前做自己的生鱼片。真正的厨师，即使不亲自蒸米饭，也应该相当关心米饭是否做得可口。因为不管料理如何美味，如果最后端上来的米饭不行，厨师前面所有的心血就白费了。

可是，多数料理店都围绕喝酒做文章，基本上厨师只要做好自己的拿手菜就算完成任务，根本不管米饭做得如何。即使被人指出这样做就不配当厨师，他们也毫不在意。这些人对料理根本没有更高的追求。

通常做米饭这件差事都是由打杂的人来做，厨师不会亲自动手的。工作本身也比别的活儿低一个级别，拿不到像样的报酬。这样做真是本末倒置。

所以，星冈茶寮时代到我这儿来的厨师，我都会先问他会不会做饭。能自信地给出肯定回答的人却寥寥无几。

总之，米饭是一餐饭最后出场的，对不会喝酒的人来说，米饭也是重要的一道菜。身为厨师，如果不能自信地做出可口的米饭简直就是胡闹，更谈不上为客人着想了。

可是厨师们对自己的不够用心却丝毫没有反省之意，反而觉得做米饭失了自己的身份似的。可悲可叹。也有人问我自己做不做米饭，我干脆地告诉他，我做。

厨师们似乎下意识地觉得米饭不是菜。但米饭才是菜肴中的重中之重。认为米饭不是菜的这种意识是本质性的错误。正是这样才会做出难吃的米饭。

这和西餐中讨论面包的好坏、烤法的优劣是同样的问题。所以，我们必须要改变米饭不是菜的观念，还其美味佳肴的本色。

从这个意义上说，厨师必须注重米饭怎么做。可以断言，不会做米饭的厨师一定不是一流的厨师。主妇、保姆、炊事员也一样。

黄　瓜

如今，由于温室栽培的不断发展，水果、蔬菜等都没有季节性了。估计那些有趣的岁时记早晚要改写。话虽如此，还是没有东西能够比得上当季的蔬果。

不只黄瓜如此，应季的东西好吃，这是古今不变的真理。

不过，认为早熟蔬菜没有味道，是否认其价值的一种批评，其实，它有应季蔬菜没有的特点。所以轻视早熟蔬菜的做法是否可取还值得商榷。

过去黄瓜只有一种，那就是应季黄瓜，如今培育出了早熟蔬菜，黄瓜、茄子都变成了两类。其他蔬果也从一类变为两类，各种早熟蔬菜纷纷登场。

于是人们对蔬果的期待增加为早熟类和应季类两种。

其中，黄瓜要选直黄瓜为宜。上小下大的黄瓜就不好吃。简单说，好黄瓜必须粗细均匀。到了成熟季节，在没结籽之前的黄瓜好吃，结了籽就不能要了。一般温室养殖的小黄瓜，俗称“早黄瓜”的刚长成的黄瓜，料理店等都选小的用。要做那些奢侈的特色料理时是这样，想做好吃的腌黄瓜，还是应该选头尾粗细均匀的黄瓜。

泡菜的火候很难把握，气候、酱菜的摆放位置，以及腌泡的速度等都会带来相当大的影响。这一点必须格外注意。偷懒腌过了劲儿，黄瓜就会变酸，所以要恰到好处时把黄瓜从米糠酱里取出来。短时间内取出的黄瓜不会变味。不取出来会变酸。最好在最合适的时候取出来，带着米糠酱一起包起来，放到凉爽的地方。这样两三个小时内食用都很好吃。因为盐味没进到里面，黄瓜的味道不会改变。

这个是众人积累了若干经验后才得出的宝贵秘诀，我们应该学会并利用它。不过，腌茄子的话，会在短时间内变色，不能同理操作。不适合提前拿出来的茄子应该在刚腌好时直接从米糠酱里取出食用。

香　菇

在任何国家，任何地区，人们都会夸自己的家乡好。历史、名人、饮食、特产，等等，不同的人在不同的情况下会说出家乡的各种好。拿香菇来说，京都人会自豪地说：“你们不知道，京都的香菇那叫一个美味啊！”其他地方的人也不服气，说：“我们这里山上的香菇不见得比京都差。”不止香菇，其他任何生鲜特产，时间稍微一长，鲜味就会相应降低变得难吃。夸自己家乡的人都是吃着刚刚采摘的新鲜特产，和不新鲜的比，自然会这么说。任何一种香菇，只要不新鲜了，就没有美味可言，必须是刚摘下来的不可。

大分县一带出产的香菇个儿大肉厚，称得上“日本第一菇”。大分的香菇是从真正的米槠树上长出来的，菌盖黑亮滑润，香味醇厚。关东吃到的香菇并非长在米槠树上，而是从栎树上长出来的，老实说，味道不佳。香菇的菌盖颜色和孕育它的母树树皮颜色相近，所以栎树上长的香菇菌盖就像栎树皮的颜色，而米槠树上长的像米槠树皮。

还有，栎树香菇虽然口感和米槠树香菇类似，但香味远远不及。它终归比不上正宗的米槠树香菇。

烩年糕

又到季节了，聊聊应景的烩年糕吧。

一般说来，烩年糕还是儿时吃惯了的家乡特有的做法最合口味，意义特殊。

在主妇们的精心准备下，第一天是地方特色浓郁的家乡烩，第二天则是东京式的丰盛热闹的喜庆烩，这样的安排保准全家老小都满意。

话虽如此，但也不是非这样安排不可，怎么喜欢就怎么来好了。

按我的经验，要想让烩年糕更丰盛，最好加些胡萝卜、白萝卜，或一些薯类。薯类天然的形状自有一番野趣，无需过多加工。想要别出心裁的话，削出棱角也挺好。不过，切忌精雕细琢，做工太细。

底汤可以用普通的鲣鱼，也可以用海带熬制。另外，到了冬天很多人家都有别人送的烤蝦虎鱼，可以体验一下用它熬制的底汤所特有的风味。

接下来，最关键的，是年糕的烤制方法。以前一般都认为烤成黄褐色最好，其实烤成褐色深浅不一，仿佛龟甲一般的斑纹状才是最为理想的。而且，如果不根据年糕的软硬程度调节火的大小，就会中间夹生但表面已经糊了，或是火候不到软塌塌的。

可以说烩年糕的诀窍就在年糕的烤法。还有，外形难看的大块年糕是不受欢迎的。特别是早上屠苏酒下肚，醺醺快意之时端上大块年糕可就太不对胃口了。

一般餐馆卖的小火柴盒大小的年糕看起来最为美观。不过还是要根据客人需要灵活决定大小。年轻人好像比较喜欢大块年糕，即使不那么好看。针对不同的对象和场合灵活应对，不仅做烩年糕如此，做任何事都必须遵守这一准则。

用白酱调味的烩年糕有别于传统做法，是另一种美味。还有，选取优质海苔——烤紫菜片也行——用手细细碾碎然后撒在年糕上。不要放一整片切成四角形的海苔。

海苔也很有讲究，关键在它的烤法。

现在京阪一带都用生海苔。但真正烤得好的海苔不是一般的美味。

连京阪这样的大城市都没人知道海苔的烤制方法，小地方就更别提了。即使是东京，也大多是外地人，很少有人熟知海苔的烤法。大部分人都是把一百日元的海苔吃成了五十日元的品质。

总而言之，能掌握一条原则即可：做烩年糕只要把现成的东西看情况烩到一起就行。

京都的“杜父鱼茶泡饭”

过去，京都的杜父鱼多生活在加茂川，如今要到离得很远的上游才能见到它们的踪影。桂川现在也能捕到大量的杜父鱼。杜父鱼是一种身长一寸的小鱼，一般生活在美丽浅滩及有水流过的河滩。

对杜父鱼没有概念的人把它想成和鰕虎鱼差不多的鱼就行。这种鱼在腹部都有鳍状的吸盘，吸附在河底的岩石上以防被急流冲走。

不同种类的杜父鱼大小不一，这里说的是小杜父鱼，最大长到一寸左右。它们长到这么大就开始产卵了。杜父鱼的个头不大，但非常鲜美。

按京都河鱼料理的做法，通常是在咸酱汤碗里放入七条杜父鱼。这七条小鱼就能做出有名的京都名菜，可以想象它有多美味了吧。因为无法大量捕捞，所以售价昂贵。杜父鱼绝不会多到可以随便拿来做酱鱼。不过有人就想吃酱杜父鱼，于是就有了“杜父鱼茶泡饭”天下第一的说法。

按现在的市价，活杜父鱼要一升两千日元左右。做成酱鱼的话，量会更少。可以说是最奢侈的酱菜。

简单说，酱杜父鱼就是用生酱油煮昂贵的杜父鱼。然后把煮好的鱼放十条左右在热腾腾的米饭上，再浇上茶水即可食用。

酱杜父鱼一直以来都享有盛名，不过在京都估计吃过的人也不多。倒是其他外地人，那些不知姓甚名谁的人也许有很多尝过它的美味。

在美食家的圈子里，大家都很看重“杜父鱼茶泡饭”，称其为茶泡饭之王。可是想要尝尝的话，又发现也不过如此。因为虽说这种鱼价格不低，但一碗只有十条左右，也花不了多少钱。只是看到有名的杜父鱼汤里才放了五条或七条鱼，原本打算狠狠心用它做酱鱼的念头会不由自主地打消了。觉得太过奢侈，还是做成咸酱汤，像平常那样吃才好。

杜父鱼好像各地的河里都有，但京都的个头小巧，大小统一。

各位热心人士，如有机会去京都，到料理店请师傅做一道酱杜父鱼尝尝如何。只要尝过它，就可以一跃成为能对茶泡饭品评的行家。

顺便再提一句，京都还有一种叫“不知鹭”的美味小鱼。

对虾茶泡饭

我来介绍一下高级的虾茶泡饭。它的好坏又取决于能否甄选到上好的材料。下面我要说的是在东京一流天妇罗店有招牌之称的对虾。这种虾体型偏小，一条要卖到七八（文）钱，且只有东京湾捕到的才适用。用七分生酱油和三分酒调好料汁浇到横滨本牧一带捕获的对虾上，再用小火炖上两个小时左右，注意别炖糊了。

显然，这种虾在任何人眼中都是高级虾，每一条都是上等天妇罗的上好材料，所以若非经验相当丰富的美食家，断然没有勇气做它。直接把它做成酱虾口味总觉得有些可惜，但若真的用它，则能做出独一无二的茶泡调味酱，即以真正的对虾为原料，用酱油和酒煮成的酱菜。

按照惯例把它盖在热乎乎的米饭上。用的是小碗的话，可以把虾切成一半。然后把泡开的茶慢慢地浇在虾上，这样酱汁被冲开，露出白嫩的虾肉。最后酱汁化到茶里，碗里的茶水成了汤，堪称绝品。

这道菜四季皆宜，特别是在人们口中寡淡的夏季，吃吃这个，通常再挑剔的人也不会说什么。

京阪一带的虾品质不佳，东京的大森、横滨的本牧及神奈川一带才算正宗的产地。不学会品鉴这些地方的虾就愧对美食家之名。

就算是美食家，看到端上来的虾是天妇罗，可以转眼间扫清战场，但加上茶泡饭之名，总会无缘由地生出怯意不敢饕餮。

盐海带茶泡饭

先强调一下，我要说的，自然是追求雅趣的茶泡饭，而非那些廉价的果腹之物。

说起来，海带这种东西原本也不值钱，不过，买盐海带的话，那种到处都卖的品质肯定不行。因为海带和炖海带的酱油都必须优质，所以买现成的就不合适。

海带要选用京都松岛屋、东京筑地鱼市特产店、日本桥室町山城屋等名店出售的优质品。也就是说，必须要精选上好的海带才能做底汤。这样的店在京都有很多。

酱油最好用上好的品牌酱油。口味偏咸的人可以在酱油里加些许的盐，加了盐的酱海带更有嚼头。煮到这样才好吃。不过不能直接用火加热，要用开水慢慢煨。要想煨得更可口，可以按酱油的量放入十分之三的酒。有了酒的妙用，就能做出非常美味的盐海带。煮好的盐海带可以直接用于茶泡饭，不过喜欢花椒味道的人，放一些青嫩的花椒一起煮会有惊喜。喜欢吃辣的人也可以放辣椒，或者放些关西名吃小干白鱼也行。由于原料中的小杂鱼不同，即使海带本身不错，但东京的盐海带和干鱼一起煮过之后味道就很一般了。

杂鱼和海带一起煨，会融合鱼的鲜美和植物的清香，十分美妙。只是，鱼要尽量选小的。总之，刚才说过的任何口味都行，放到饭上，浇上好茶就成了茶泡饭。

在所有的美味佳肴吃起来都索然无味时，比如盛夏，人们都没有食欲的时候，茶泡饭就成了最合时宜的美食。用盐海带做茶泡饭时，腌萝卜一类的咸菜还是不放为好。

鳗鱼·康吉鳗·鳝鱼茶泡饭

鳗鱼茶泡饭

茶泡饭中味道最好的当推鳗鱼饭。其美味甚至可以和加吉鱼生鱼片的茶泡饭相抗衡。在西餐流行以前的京都、大阪，随便在大街上问个小孩“最喜欢吃什么东西”时，得到的回答一定是“加吉鱼”和“鳗鱼”。看来，这两样是京阪地区最具代表性的美味佳肴了。

上好的鳗鱼从三州到濑户内海分布广泛，都能捕捞得到。如今似乎已成为京阪地区的名产。无论是煮是烤抑或做鱼浆，鳗鱼都算得上上等好鱼。尤其以烤着吃最为美味。刚烤好的鳗鱼味道无与伦比；即使放凉之后，只需远火焙热，依然美味。把烤好的鳗鱼块放在热米饭上，用筷子向下挤压，使其和米饭充分结合，加入少许酱油后再加入足量玉露①或普通煎茶，加盖捂焖一分钟左右，这样，就可以用筷子一边剥取鳗鱼肉一边享用。

鳗鱼肉质细腻，脂肪难得，油而不腻，味道上佳。加之做法简单，关西人恐怕没有谁不喜欢鳗鱼茶泡饭的。可是，东京情况大有不同，很

① 译者注：优质煎茶的一种，味香略甘。

少有人愿意尝试。为什么呢？原因在于现在东京的鳗鱼多是从关西运来的，数量有限。传统的东京料理不用鳗鱼，因此鱼店也未必进货。在东京，得到鳗鱼的捷径便是去一家关西风味的一流餐厅，除此之外别无他法。

不过，送到东京来的鳗鱼自然不如关西吃到的美味。另外，东京近海捕捞到的鳗鱼肉质发黏，和关西的无法相比，于是就有康吉鳗、鳝鱼等等替代物（这么说也许不合适）相继登场，发挥作用。

康吉鳗茶泡饭

康吉鳗也分许多种类，羽田、大森是正宗产地，此外均不够味。做康吉鳗茶泡饭，鱼的烤法只需模仿关西做法即可。如果调制出东京鳝鱼调味汁那样的味道就嫌过重，应视为失败。用京阪地区烤鳝鱼用的酱油涂抹烧烤即可。做茶泡饭时随意切成小块，适时放到烫米饭上，接下来照例加酱油浇煎茶。

康吉鳗茶泡饭和鳗鱼茶泡饭比较接近也很美味。不同之处在于，康吉鳗和鳝鱼略带腥味，在浇煎茶之前可用筷子尖蘸一些生姜粉或胡椒粉放进去。堺①近海一带所产康吉鳗味道最佳。东京的虽说也不错，但和关西的比还是有所不同。烧烤用最好选堺近海所产，水煮或油炸（做天妇罗）时可用东京的。

鳝鱼茶泡饭

做鳝鱼茶泡饭的鳝鱼可以用过夜的，比如前一天剩下的，或烧烤过后放凉了的。只需蘸酱油在火上重新焙烤。本来无须像“江户风味”那样先蒸，只需像关西那样直接烧烤即可。酱油汁可涂可不涂，以直接

① 译者注：地名，位于大阪海湾。

烧烤更为适宜。

直接烧烤的鳝鱼，肉和皮比原来可能稍有变硬。泡饭时茶水需要更烫一些，加盖捂一会儿，发硬的鱼皮会马上吸收水分变得松软。

鳝鱼也属于缺陷比较突出的鱼类。用于茶泡饭的鳝鱼必须仔细选材，否则很难保证味道。首先，人工养殖的鳝鱼无论如何不能用。有没有怪味先不论，养殖鱼只是肉嫩，味道绝对不够。但也不能说凡是天然的就一定好吃。有关事项在鳝鱼一节里有讲，在此恕不赘述。

总之，鳗鱼、康吉鳗、鳝鱼的茶泡饭原本就是一种奢侈的愿望，对于其味道的品尝、评判需要相应细腻与敏锐的味觉，因此，希望有志此道的各位在选材方面给予足够的重视。

另外，在鳗鱼、康吉鳗选料时，注意不可选过大的。就烤过后的尺寸来说，体宽一般最多在一寸至一寸半以下为好。

太大个儿的不管用来做什么，味道粗糙，品质不佳。鳝鱼的大串烤还凑合，可是到了康吉鳗，绝对会让你大跌眼镜！

金枪鱼茶泡饭

加吉鱼茶泡饭开始流行，甚至已经有店家打出了招牌。这种情况在关西自不待言，东京近来也常能见到，甚至已进入家庭，家庭主妇们也开始尝试。可是，比加吉鱼更简单易行、味道更上乘的金枪鱼茶泡饭却无人青睐，令我不解。

加吉鱼数关西品质优，金枪鱼还是东京味道好。

由此，相比加吉鱼茶泡饭，我觉得东京人更应该选金枪鱼才对。

如果东京的饮食文化能如京阪地区那样发达，我想，金枪鱼茶泡饭一定会有一席之地的。

嘴上这么说，实际上金枪鱼茶泡饭我也是在京都记住的，并非跟东京人所学。我以为，今后东京人无须模仿关西，直接主推自己的江户风味金枪鱼茶泡饭才对。因为东京的加吉鱼原本就不如京都的美味。

茶泡饭的米饭

最忌讳的是米饭蒸得过软，黏糊糊的。米饭的软硬度和寿司用米饭差不多即可。不能用刚蒸好的米饭，需放凉到稍有余热的程度。茶泡饭也分很多种类，不能一概而论，但鱼类茶泡饭切忌使用凉米饭。

茶的沏法

盖浇茶最好使用煎茶，但质量不能太差。煎茶的香味和苦味都需要。茶水稍浓更好入味，相反茶水过淡，则泡饭味道会受影响。所以，最好选粉茶中的上等品。

粉茶沏法一般尽人皆知，要使用一种专用的小笊篱。当然，这种工具寿司店也用。就像寿司店那样，用网眼较大的笊篱装满茶叶，然后用水冲刷、洗涤。理由在于茶粉多是茶厂收集茶末制成，其中可能夹杂灰尘。把冲洗出来的乳白色污水倒掉，然后给笊篱加注热水。

这时，速度越慢，热水注入量越少，茶味则越浓；相反，一下子注入过多热水，则味道较淡。通过热水的注入速度及量的控制来调节味道。

茶泡饭用茶稍浓为好。另外的注意事项便是抹茶、煎茶都需要选上好的茶叶。如果茶叶选料不好，茶泡饭可真的就要全泡汤了！

茶泡饭的金枪鱼

茶泡饭用鱼以黑色大金枪鱼为佳，也就是寿司店常用的那种。金枪鱼腹部发白，带脂肪的部分最受欢迎。男人在四十岁以前更喜欢脂肪多的部位；过了四十岁以后，将逐渐告别对浓厚脂肪的偏爱。

同理，用于茶泡饭的金枪鱼也可根据个人的口味选择鱼的不同部位：从脂肪最多的部位到油脂中等、再到纯肉部位。

脂肪少的红肉部位和脂肪、肉的结合部位各具特色，口感不同。每个人可根据自己的嗜好自由选料。除黑金枪鱼外，选择旗鱼、黄肌金枪鱼等做茶泡饭也不错。不过，黄肌金枪鱼、旗鱼之类脂肪较少，喜欢脂肪多的人可能会觉得不够味。但对老年人、妇女而言反而更适合。大家可依据各自嗜好尝试选择。

茶泡饭的做法

盛多少米饭，当然首先根据自己的饭量和当时肚子的饥饱而定。一般而言，档次越高，米饭越少。米饭装多了，自然茶水便进不去。给体力劳动者做茶泡饭时，当然要饭多茶少才实惠，所以，可换用稍大一号的碗。相反，给奢侈的人做的茶泡饭，则一定要饭少茶多才可口。饭多的用粗茶，饭少的用煎茶。米饭盛到碗的一半或一半以下，然后在上面平摆三片金枪鱼，在鱼片上加适量酱油调味，若在鱼片旁边放一小撮萝卜泥就更好了。

在摆好的鱼片上从一侧透过茶笊篱慢慢浇开水，注意不要将开水直接浇在鱼片上，那样会使鱼片泛白。米饭被透明的煎茶漫过，直到最上面的鱼片全部浸在茶水中为止。

接下来用筷子轻轻把鱼片往米饭里压，则背面略带红色的肉也会变白。这时透明的茶水会变成乳白色，酱油也开始融入其中。

金枪鱼一旦烫过半熟，就会失去其美味。

喜欢口味重的人这时可以给碗上加盖，稍微放置一会儿，让味道充分融合，然后开始享用浓淡相宜的金枪鱼茶泡饭。

相比之下，还是不加盖的茶泡饭香气浓厚，吃起来热火；金枪鱼也不会熟过，因而更加美味。加盖之后，米饭可能被泡涨，影响口感，而且，最糟糕的是金枪鱼因过度加热品位下降。当然，如果接受不了鱼片的半生味，那也只好加盖焖了。最好莫过于即时享用。

这种茶泡饭，不需要任何其他菜品，就依靠几片金枪鱼便能从头到尾吃得很香，很满足。

金枪鱼茶泡饭的芥末，如果在浇注热水前放入碗中，则会失去炝辣味。所以应该在热茶浇注完成，最后加放才有效用。

金枪鱼食话

论吃金枪鱼，恐无地可与东京相比。据说，夏季东京鱼码头金枪鱼日交易量大约一千尾，秋冬季约三百尾。东京人对金枪鱼的喜好可见一斑。无论夏季的上千尾，还是冬季的三百尾，分别代表各个季节金枪鱼的捕获量，冬季大约只有夏季的三分之一。而且，其产地几乎清一色全是北海道。

去年夏季，听说北海道渔场一尾金枪鱼只需一日元依然不好出售。和东京金枪鱼生鱼片一份一日元相比，差价不可谓不大。当然，一尾一日元连饵料成本都不够。也难怪有这样的低价，开春二月至五六月期间，九州种子岛方面有大量金枪鱼入市（虽说品质稍差）。金枪鱼品质最佳的要数三陆，即岩手县宫古地区通过“岸网”捕获的品种。

据我个人的经验，宫古金枪鱼的确名不虚传。个头超大，一尾大都在两三百公斤以上，相当漂亮气派。品种当然非大黑金枪鱼莫属了。这种大家伙会自己钻进一种称为“岸网”的鰤鱼养殖的网内，人们只需要巧妙地将它驱赶拖上小船。可是，这种宫古金枪鱼现在已经极其稀少，鱼市码头上未必经常有货。外地捕获到的终究品质不及，自然而然，宫古金枪鱼成为抢手货。

品味最差的要算长得像飞鱼的长鳍金枪鱼了。因为鳍特别长，也被称为“鬓长”。这种鱼肉质松散、发黏，颜色煞白，先天味道不好，美食家终究是不会正眼看它的。不过在金枪鱼短缺的季节，三流餐馆也经常拿它做生鱼片。可是，这位“鬓长”仁兄总算也有了出人头地之日。前年，它开始大量出口美国，别人再也不敢小瞧它了。原来美国人将它烹饪后，夹入了三明治。就是说，在美国发明了一种“鬓长”金枪鱼三明治，开始流行起来。这样一来，在日本长期受到冷遇的“鬓长”，前年起在美国受到了热捧。渔村的鱼贩商人们一哄而上都忙于做“鬓长”的出口生意。谁知就在这当口，这位“鬓长”仁兄像是嗅到了什么似的，成群结队自己游到美国近海去了。去年美国出现了“鬓长”大鱼场，日本的“鬓长”只好留在“流行短发”的日本，继续忍受冷遇。

此外，受东京人青睐的金枪鱼品种还有旗鱼、黄肌，另有一种叫做“麦吉”的小型金枪鱼，因为其味道更接近鲣鱼，喜欢它的人也按鲣鱼去处理对待，因此，在此便不作讨论。黄肌和旗鱼东京一年之内都有，不过，十二月到次年三月期间大多是台湾运送过来的，也就缺失了纯真“江户风味”的口感。黄肌金枪鱼的最佳食用时期是八九月，来自沼津、小田原一带的才是正宗品味。旗鱼的正宗产地是房州铫子、东北三陆，也有来自长崎方面的。像这样，以宫古大黑金枪鱼为代表，季节不同，我们可以享用的金枪鱼也有所不同。

说到金枪鱼，我不由得想起这样一件事。过去我曾给担任过大膳长官①的上野先生推荐过宫古金枪鱼，当时，他曾感慨地说：“我还从来没吃过如此美味的金枪鱼。”——语气似乎不像是一般的客气恭维。听了他的话，我们当时着实吃惊不小。我想，身为宫内大膳长官，大凡天下美食、味中极品，按理没有他不通不晓的了。他的话太令我们感到意外了。于是我就补充解释道：这种金枪鱼是宫古产的，这个肉是什么部

---

① 译者注：过去日本掌管皇室饮食、宴会食品的宫内省官职。

位的。心想，既然上野先生这样说，那么他一定也希望能把这种美味呈现给天皇、内宫皇室吧。

总之，虽然笼统都叫金枪鱼，其实其中的极品一般人未必品尝得到。题目是金枪鱼食话，却避而不谈吃，一不留神跑题很远，说了太多和主题无关的话。接下来言归正传，就食用金枪鱼的经验略谈一二。

在吃金枪鱼时，往往被行家忽视的一样东西就是萝卜泥。

“这个萝卜泥不行啊，能不能另换一盘更新鲜的呢?”我们很少听到类似这样的请求。对萝卜泥似乎没有什么不满。可是一到芥末，从颜色到辣味、甜味、浓稠度等美食家都会仔细要求。事实上，萝卜泥会对金枪鱼、天妇罗这些食品的风味产生很大影响。只要有刚采摘回来非常新鲜的萝卜泥，那么，即使天妇罗的油稍差一些，也不会有多大妨碍。吃金枪鱼时，只要萝卜辣味适当，新鲜萝卜泥甚至可以代替芥末。就因为萝卜不好才用芥末来补正。实际上，芥末并非金枪鱼最好的配料。

像寿司那样，完全不用萝卜泥时，当然就少不了芥末。所以金枪鱼寿司往往要放足芥末，让喜欢寿司的食客流着泪赞不绝口。然而，像羊羹①那样的红肉因为脂肪少，所以芥末便会发挥威力；如果是中脂肪以上、脂肪集中的部位的肉，则芥末的辛辣便似被鱼油滑走一般失去威力。站在寿司店屋檐下的普通寿司客人一边等候，一边叮嘱店主，芥末不要太冲。其实店主心里比谁都清楚：都是因为你们选比较便宜的红肉才导致芥末很冲、很呛的。长此以往，我这店能否维持下去还成问题呢！心里这样嘀咕着，直接回答道：“给您不放芥末。”一举多得，店家也算多少能压缩一点成本。

可是，金枪鱼稍有腥味，这种情况下，一定要配少许醋腌姜片一起食用。我个人的吃法是：放足芥末，然后再加两三片生姜。虽然寿司已被广泛用来做下酒菜了，但金枪鱼好像总是不太合适。它是用来配米饭

---

① 译者注：日本的一种点心。

的。所以，用来配寿司是第一选择；放在热米饭上吃排第二。金枪鱼泡饭之类也是美食通的特别喜好（所谓金枪鱼泡饭，即在刚蒸好的米饭上放两三片金枪鱼片、少许萝卜泥，加酱油，并浇注烫的浓煎茶的吃法）。事实上，在东京消耗的金枪鱼有七成好像用来做寿司了。

原来，东京人引以自豪的食品大都不适合做下酒菜。寿司、天妇罗、荞面、鳗鱼、关东煮，作为下酒菜都不适宜。关东煮比较适合，但也只是相对而言。刚才提到过，金枪鱼的七成用于了寿司。当然，时间大约集中于夏季过后秋风渐起、进入冬季这段。夏季的大黑金枪鱼大致作为招牌摆放在鱼店的醒目位置，招揽生意。鱼码头上日成交量上千尾的大金枪鱼，大部分以烤鱼、水煮鱼被摆上夏季的餐桌。当然，到了冬季，金枪鱼的腹下俗称“砂褶”肥肉，因为脂肪多，如木纹般的皮便形成难以咀嚼的筋。把这部分肉细切，用来做葱段金枪鱼火锅（也就是把大葱和金枪鱼的肥肉放在一起，像“牛肉火锅”那样煮着吃），将给寒冬中的东京人带来莫大的喜悦。老人们或许不喜欢这味浓油腻的吃法，但却会成为青壮年的美味。

传说在东京，过去那些“清晨归家族”① 一般要在土堤八丁、浅草田圃等地吃早餐，享用店家端上的热酒、葱鱼火锅，不单味道鲜美无比，一度盛传还具有恢复男人性功能的效果。我又要跑题了。对恢复男人精神有帮助的金枪生鱼片，是一尾鱼中的上乘好肉（相当于牛里脊、霜花精肉），这部分非常有限。以横向腰围来看，在腹部砂褶与脊背的中间部分；以纵向身长来看，在颈部以下大致至腹部末端之间，即一般称为“中脂肪”的部位。只挑这些部分消费，是要特别加价的。妇女则要选择羊羹色脂肪少、也就是不对男人口味的部位。这应该是男女体质差异所导致的结果吧，这里绝对没有看不起、愚弄妇女之意。男人不是也有种种忌讳和拘泥之处吗？比如香鱼只能烤着吃，鲱鱼及干鳕鱼压

---

① 译者注：多指逛妓院、约会情人后清晨返家的男人。

根儿吃不下去，认为只能做饲料等。

另有一种称为“山鸡烧”的吃法。把金枪鱼的砂褶连皮一起切成厚片，涂酱烧烤。因为是脂肪最集中的部位，烧烤可不是件容易事。若是在家里做，搞不好恐怕会满屋弥漫油烟。可是，刚烧烤出锅、热乎乎几乎烫嘴的金枪鱼肉，添上足量萝卜泥，浇上酱油，配那刚蒸好的米饭吃，要赶上空腹之人，米饭一定下得飞快。比起那水平一般的鳗鱼饭，味道不知要好多少倍！不过，这毕竟只是中年男人喜欢的大众美食。

说到大众口味，金枪鱼原本就不是贵族食品，很难令一流美食家满意。就算其中宫古出产的上乘之物，其美味程度也是有限的。除以上列举的品种之外，另有价格便宜、肉色发白的眼旗鱼（做鱼块用），以及同样肉白但皮黑的金枪鱼，这种黑皮金枪鱼肉厚，一般体重在三百至四百公斤，价格也便宜；还有白皮的，出产于铫子、三陆方面的；还有小旗鱼、四鳍旗鱼、重量在一百公斤上下的各种旗鱼。最下等的要属眼睛大、两侧宽的大眼金枪鱼，还有一米以下的金枪鱼幼鱼等，以后择机再谈。

对河豚敬而远之的误解

许多人因担心中毒而不敢吃河豚，仅仅缘于“河豚虽美味，就怕把命丢”这样一句古谚，造成味觉方面莫大的缺憾。一句未加考证的谚语调侃，像魔咒一般让人们稀里糊涂陷入恐惧，战战兢兢地得出一种低级、愚蠢的判断，从此对河豚敬而远之——这实在是一种误解。

可是，面对这样的人，就算我们澄清事实，大声疾呼：河豚是冬季恒常可以食用的唯一美味，味道绝佳的河豚料理不会伴随丝毫危险！他们又有几个人会轻易相信呢？看来，一旦被先入之见控制，想要摆脱实属不易。

很遗憾，河豚这种东西的确带有足以致命的毒素。假如说“河豚虽美味，就怕把命丢”是在已经有人因食用河豚中毒，并可能危及性命的当口，为了训诫警示那些仍贪图美味、打算冒险尝试的人而编出来的，以防止事故继续发生——真要是这样倒也罢了。可是，这种假设现如今完全不复存在，河豚料理的安全性已经得到保证，早已排除食物中毒之类的危险。在这样的情况下，再提这样的古谚非但没有警示价值，反倒成了空添大众恐惧心理的恶作剧，成为妨害人们享用河豚美食的胡言乱语。

这句讽喻古谚到底是由谁、在什么时代产生的，现在已无从考证。

不过，无数人彻底成为它忠实的信徒和精神俘虏却是不争的事实，反倒使得如今实实在在的安全性统计数据无法得到大家的信任。这种现象，不仅让我觉得窝囊、可气，我甚至觉得我们国民性中的这种无知、迂腐令人羞愧！每搭乘一次飞机就意味着冒险——这谁都承认。如果我们就此得出“除非十万火急，飞机这种东西千万乘不得”的奇怪结论，显然有失偏颇。

河豚料理的安全性已经被大量数据证明，几乎可以说是万无一失的。那么，放心食用这天下独一无二的美味也就顺理成章。山珍海味，所有人类最早的食物几乎都是从海里或山里获取的，这无须论证。让我们来数数我们所拥有的美味佳肴吧。加吉鱼、海鳗美不待言；鳝鱼、天妇罗可口有加；海参肠、干鱼子鲜烈；香鱼、康吉鳗独特；松蕈、蘑菇奇香无比；土当归、紫萁珍奇难得；荞面、挂面柔软舒坦；甲鱼、娃娃鱼特色别致；既有若狭的腌咸鱼、北海道石狩的新卷咸干鱼，还有燕窝、银耳、鹅肝、鱼子酱等。如果说河豚果真和以上所列美味佳肴的一种味道接近或相似，那我也没有必要如此这般摇旗呐喊鼓励大家正视河豚，激励那些“谈河豚色变”的人去挑战去尝试了。据我所知，河豚之美味无与伦比，没有哪样美食可以充当其替代品。

下面就我自己的美食体验谈点感受，直言几句自我评价，也顾不上别人怎样看我了。我以为，当今日本能像我这样对美食拥有绝对发言权的人不多，从早到晚几十年如一日从不间断地把自己泡在“美食实验室”里的人，更是绝无仅有。有谁能找出第二个对美食如此痴迷的人吗？我可以自豪地说，作为美食家，我虽不是唯一的，但像我这般痴狂的人绝对是罕有的。当然，我个人认为，这既算不上好事也称不上为坏事。

我既没有觉得自己有何优越之感，也没有觉得有何卑俗之处，只是生性使然坚持下来而已。总之，不管别人是否认可，我自认为在对美食的专注投入程度上不逊色于任何人。同时，我能够毫不犹豫地宣称：我吃遍了天下所有美食！基于这几十年孜孜以求的美食生活，我可以断言：河豚肉味道绝美，不同并高于其他任何食品。

以天生带有毒素而扬名天下的河豚，只要料理得法是不会有任何危险的，完全可以大饱口福。最近可以从下关通过飞机或其他办法运送河豚肉，也有下关的河豚餐饮店直接到东京来开分店的。希望那些平生还没有品尝过河豚肉的人一定要抓住机会，不要留下美食缺憾，并在大吃特吃之后，回味其魅力所在，重新审视自己的美食观念。

据下关人讲，下关、马关、广岛、别府等地河豚的销量每年都不下六十万日元。保守一点，只算一半，每年也有三十万日元的河豚进入了我们的口腹。按每人最高消费五日元计，消费者是六万人。考虑到一日元餐饮店的因素，消费者人数应该更多，仍按营业额三十万日元概算，也应该有十万人左右。拥有如此多河豚消费者的餐饮店、专卖店却没有发生一例中毒事件，这一数据是令人自豪的，我认为也是值得信赖的。通过这些事实，就应该能改变那些河豚坚决不可碰的错误观念，逐渐驱散笼罩在人们心头对于河豚的恐惧。

河豚料理的烹饪法则其实并不复杂。以活鱼为例，其主要工作可简单地概括为：让河豚肉中及骨头中的血一滴不留地全部流出。然而，千万不可掉以轻心，以为不过如此，凭借一时蛮勇，草率从事。最稳妥的做法是首先请下关、马关、别府等河豚产地的专业厨师来处理，经过他们调理的河豚，消费者是可以放心食用的。

加工死掉的河豚更具危险性。另外，万万不可随便交给非专业人员去处理。切记这样的事实：因河豚而丧命的事故几乎全部出于外行厨师的无知。当然，廉价的河豚肉也需要留意谨慎。

河豚是毒鱼吗？

我敢断言，河豚味道绝对鲜美绝伦。和任何其他美味佳肴相比，它都不会处于下风。

河豚之味美和明石加吉鱼、西餐中的牛排的美味完全不在同一个层面。品位高雅的海参、海参肠也无法成为其对手。甲鱼怎么样呢？难以同日而语。法国鹅肝、蜗牛也无法比肩。当然，天妇罗、鳝鱼、寿司之类更不在话下。

也许有些牵强，如果用画家们来作比，栖凤、大观品位不够；靫彦、古径成色不足；芳崖、雅邦不行；崋山、竹田、木米也不行。吴春或者应该差不多吧？答案是否定的。大雅、蕪村、玉堂他们呢？仍达不到。那么，会是光琳、宗达吗？还差得远呢。那么元信、又兵卫怎样？还不够。光悦、三阿弥抑或雪舟总该是了吧？还要再高。是因陀罗、梁楷吗？已经接近了，再高一层。如此看来，只有白凤、天平和推古了。对了，对了，就应该是推古！推古大佛！法隆寺的壁画把河豚的味道用绘画雕刻来比的话，就应该是这个层次级别！

可是，绘画艺术也绝非一朝一夕就能懂啊。不过，好在河豚毕竟是食品，. 加之价钱又不贵，连续吃三四次就能把握其妙味，而且深深植入脑际，长久留存，以至上瘾。这一点上和酒、香烟有相似之处。

只要吃上一次河豚肉，从此明石加吉生鱼片、海胆火锅也便区别不大，失去魅力，无法再勾起馋欲。至此，对于河豚超然的美味，我想大家应该有所认识了。其味道之妙颇像山里的蕨菜，很难用语言表现。当然，河豚也有味美、味差许多不同品种，我说的自然是下关河豚中的上等品——真正的河豚。

“既有美味加吉鱼，缘何冒险品河豚?”①

无知的人总会因某种无知栽倒，陷入困境，这种情况比比皆是。可谓无知和一知半解者的宿命。

任何人最终总会因某种原因难逃一劫，未必因为河豚。走自己喜欢的路然后倒下，何乐而不为呢？在自己不喜欢的道路上耗费生命，到头来该走还得走。有人似乎很聪明，心里盘算：同样是死，若为吃河豚而毙命，面子上多挂不住啊。我却管不了那么许多！

芭蕉其人，一生只看重知识，视知识规矩为生命。其书、其诗都在述说这一点。说什么“明明有美味的加吉鱼，还要冒险尝试去吃河豚，真是难以理解。”② 听起来好像加吉鱼有资格成为河豚的替代品，或者加吉鱼甚至比河豚还要好吃似的。毕竟，加吉鱼无法成为河豚的替代品。作为俳句也许是名句，其实不过是调侃之词。以小生之见，芭蕉似乎有不懂河豚却在妄自评论之嫌。他的其他诗句姑且不论，这句我实在无法理解。我可以断言：但凡加吉鱼，无论哪一种都不能与河豚同日而语。河豚之美味超然至上，是任何美味佳肴绝对无法企及的。我想，河豚的特质不会因为芭蕉如此一首俳句诗而被葬送埋没，相反，其味美之特质将会吸引更多的人品尝与评论。

当然，本人并无意要求大家什么都要去吃；讨厌的东西不吃也罢。然而，因为担心食物中毒而对河豚敬而远之的人，凭我个人的经验，无

① 译者注：松尾芭蕉有关河豚食用的一首俳句。

② 译者注：上面俳句的释义。

论他是阁僚大臣或者学者名士，也多是些缺少气概、文弱的学究秀才型人物，实际上也多是缺少随机应变能力的人。这正可谓智慧型人类的不明智表现吧。

死亡原本是不可逆转的宿命，对于它的无谓恐惧便意味着不理智、对人生理解得不透彻。

再来看河豚这家伙的真面目。河豚被称为剧毒鱼，且攻击人，令人心惊胆战，也因此使它从远古以来就不同凡响，引发人们更多的好奇心。不过，在人类的大智慧面前，毒鱼河豚现在已被彻底征服了。

人们对河豚有了清楚的认识之后，祛除其有毒部分，开始不带丝毫恐惧地尽情享用其绝妙美味了。以东京为例，作为味觉之王的河豚如今君临天下，傲视群鱼，使得其他山珍海味都黯然失色。由此，一夜之间河豚料理专卖店猛增，成为公司公款消费者的首选。如果在关西地区，工薪阶层、普通食客都能消费享用，可是在东京一般人轻易消费不起——来自下关的河豚是东京标价最高的鱼类。

那样的价格对于一流餐饮店自然不成问题。如今但凡有点来头的老字号店没有一家甘拜下风，甘愿拱手让出，大家争先恐后纷纷推出河豚料理，形成一哄而上的热闹景象。可是，我非但不为此担忧，反而想大力推荐。

一直以来，我们因无知而恐惧，因无知而拒绝自然的赏赐，因无知而倒下，不知道如何征服这毒鱼，拒绝理会这充满日本周边海域、天下独一无二的美味。如今我们依然要对无知的日本政府曾经采取的取缔河豚料理、把所有河豚种群全部划归毒鱼而加以排斥的做法进行反思。衷心希望在此基础上进一步深入研究，使河豚所具有的价值得到更加充分的利用。

大约十五六年前吧，《大阪每日新闻》上刊登过这样一则有益的报道。现剪贴介绍如下。文章介绍的是以九州帝大医学部福田得志博士为中心的课题组在过去七年间，就此问题所作的研究的结果。以下是福田博士的原话：

在过去七年间，我对河豚毒素问题进行重新研究，得到下面这样的毒力表。表中标“猛”字指剧毒，十克以内不会引发致命性；“弱”字代表弱毒，一百克以内不会致命；“无”字表示一千克以内不会引发致命性事故。每个品种检测十尾，这一毒力表选用的是其中的最高数值。见下表：

部位＼种类	小花纹河豚	豹纹河豚	紫色河豚	暗纹河豚	虫纹河豚	痣斑河豚	星点河豚	红鳍河豚	条纹河豚	芝麻纹河豚	棕斑兔头豚
卵巢	◎猛	◎猛	◎猛	◎猛	◎猛	○强	○强	○强	弱	○强	无
睾丸	○强	弱	无	无	无	无	无	无	无	无	无
肝脏	◎猛	◎猛	○强	○强	弱	弱	弱	○强	○强	○强	无
肠	○强	○强	○强	○强	弱	弱	弱	弱	弱	无	无
皮	○强	○强	○强	○强	○强	○强	○强	无	无	无	无
肉	弱	无	无	无	无	无	无	无	无	无	无

看此表就可一目了然，无论哪个品种，河豚肉本身都是无毒的。只要不吃卵巢及肝脏、肠子就不会有问题。我也完全认同这一结果。就是说，河豚有剧毒，但幸运的是毒素不在肉内。谜底揭开，原来并不复杂！关键是远离河豚之血液。不过，血液有稍许渗入好像也不会达到致死量，或许反而会起到使河豚肉成为拥有醍醐之妙味的作料工夫。一句话，河豚肉生吃最鲜美；普通人别去碰它的皮、肠子等内脏即可。可是，鱼头肉、口唇、雄鱼的鱼白（精巢）是相当好吃的，应该用于火锅料理。鲜度很高的河豚，在下关被摘除肠子通过飞机运来——这样的途径，可以说绝对万无一失。

害怕河豚是过去的事情。首先因为当时就没有进行河豚料理的研究。现在，没有人在河豚店吃河豚而丢性命的。虽然我们迎来了能够放心食用河豚的时代，依然有人害怕。这可谓无知至极。

尽管如此，当今卫生系统仍然把河豚料理规定为有毒食品，各县各地区依然有执行禁食政策的。就算要取缔，也应该是在认真研究的基础之上才对。真希望这来自大自然的赏赐能充分自由地发挥其独特的美味啊！

海鲜底汤的做法

干鲣鱼如何挑选和削制呢？首先，我告诉大家一个简单辨别优劣的办法。优质的干鲣鱼，拿两只互相轻轻敲击，会清脆地当当作响，仿佛敲梆子一般，发出敲击某种石头的声音。若是里面长了虫之类的劣质鲣鱼，发出的声音会很沉闷，像滴答的水声。

如果在本节和龟节①中选择，选龟节为好。虽然外形较小，但做成生鱼片肉多味美的小鲣鱼一般制成干鱼也一样美味。而本节虽然个头不小，但味道普通，价钱也是龟节更经济实惠。

下面说说怎么削干鲣鱼。首先要准备一把锋利的刨子，不然削起来太费劲。用生了锈或刀刃很钝的刨子嘎吱嘎吱地刨，会把本来值一百日元的鲣鱼刨得连五十日元都不值。

那么刨出怎样的鲣鱼才能制出上好的底汤呢？必须刨成雁皮纸般轻薄，泛出玻璃般的光泽才行。否则制不出上好的底汤。刨得不好的鲣鱼制出来的底汤没有鲜味儿。想要制出鲜美的底汤，无论如何必须准备一把好刨子。制底汤时，水咕嘟咕嘟一煮开，迅速把刨好的干鲣鱼放进

---

① 编者注：大条鲣鱼去掉头部，竖劈成四瓣，叫做本节。小条鲣鱼去掉头部，竖劈成两瓣，叫做龟节。

古风九谷烧福字盘

去，然后就可以坐等美味的底汤出炉了。不要把鲣鱼从一开始就一直放在锅里煮，那样反而鲜味儿都跑了，做不出好的底汤。也就是说千万别熬成老汤。

所以，我建议大家当务之急是要准备一把刨刃锋利、刨床平滑的刨子。把干鲣鱼刨成薄如蝉翼，既经济又奏效。

不过，据我估计，可能一百个家庭里有九十九个都没有一把好刨子。连教料理的师傅都没有，所以一般家庭就更不会有了。

刨子要让它保持随时都很锋利的状态。一般人不会磨刨刃，就请木工师傅帮忙磨一下好了，不行还有专门磨剪子、菜刀的人。平时若不备好刨子，用的时候再急急忙忙去磨就来不及了。

干鲣鱼在日本司空见惯，大家也不是太稀罕。但在国外可就没那么容易找到了。外国人不知道鲣鱼，自然更不知道干鲣鱼了。他们只用牛奶、黄油、乳酪来做菜。可是，这远远不够，还是有干鲣鱼用的日本人更幸福。所以就应该更用心地发挥干鲣鱼的功效做出更可口的料理。鲣鱼底汤味道鲜美而且营养丰富，只要选用优质原材料就能做出举世无双的美味鲜汤。

话说回来，有这么好的条件，要是对干鲣鱼一无所知，也不会正确削制就太惭愧了。甚至连削制工具都没有——这是太令人难以置信的错误，希望能好好反省反省。如今只有料理店会用刨子刨干鲣鱼，其他人大都随便凑合着。最近甚至连料理店都开始用现成的干鲣鱼薄片。这种薄片也有很多种，若是优质的还说得过去，最好是刚削好的，时间一长就大打折扣。

有人觉得就算有刨子大多也不会使用，要是这么想，最好还是打消学日本料理的念头吧。

不仅是料理，只要做事，都应该尝试各种可能，不尝试一定无法成功。不过，学料理店用玻璃片削干鲣鱼很危险，而且量大的时候来不及就会使劲儿乱削一气，这样做出来的东西就没了鲜味儿。所以要想追求鲜美的味道，只有求助于一把锋利的刨子。

如果有哪位还没有刨子，我推荐大家狠狠心买上一把木工用的专业刨子。价格不贵，还能用一辈子，不会浪费。关键在于要保证它锋利如初，最好立刻丢掉手里的废刨子不再用它。

换个话题，且说在东京，好像只有一流料理店才知道海带底汤的做法。可能是因为东京自古以来没有用海带的习惯吧。海带底汤其实味道可圈可点，做鱼的话，非它不可。用于鲣鱼底汤的话，都是鱼鲜味，彼此相冲做不出好味道。味道一叠加就太浓腻了。用海带制底汤是以前京都人想出来的。众所周知，京都是千年古都，出于实际需要，人们专门千里迢迢把北海道产的海带运到群山环抱的京都，发明了海带底汤的做法。

制作海带底汤，首先要用水把海带蘸湿，放置一两分钟后待海带表面开始膨胀，打开自来水，一滴一滴慢慢地滴到海带上，不能用水龙头使劲儿冲，然后用手指小心地拂去上面的沙砾和污物，再把洗好的海带迅速放入开水中焯一下就好了。可能大家会担心这样就做好了么？你可以尝一下试试，底汤无色透明，鲜味却都在其中了。至于海带放多少合适，实践一下就知道了。这个底汤对于鲷鱼料理来说是不可或缺的。

有人觉得海带光是在汤里焯一下就拿出来是不是太可惜了，可是一直煮才是愚蠢至极，这样海带里的甜味儿会煮到汤里，弄巧成拙。在京都一带，有一种氽汤海带，从一边将长长的海带放入锅中，在锅里氽一下再从另一边拽起来。看到这种高水平的做法，估计再挑剔的美食家也无话可说了。

寒夜围火品菜粥

做不出上乘菜品的原因有二：第一，厨师不具备敏锐的味觉辨识能力；第二，厨师的审美情趣不够，他不知道该如何下工夫。所谓审美情趣主要受对美的感受和情趣素养两方面的作用，首先让菜品具有悦目的视觉效果，接下来让食用者得到心灵的愉悦。

当料理这一技艺达到一定境界之后，便能用很少的材料，在很短的时间、花很少的工夫，轻松加工出一道道的美味佳肴。常听有人抱怨说妻子做饭手艺差，我想说，既然有这样的想法就首先要有能耐让自己的妻子有更多品尝美味料理的机会。

牡蛎菜粥

加工这样的食品，没有什么复杂之处，任何人都能轻松完成。过分紧张、严阵以待反而弄巧成拙。首先做普通稀粥。在做好的稀粥里放入拧干水的牡蛎肉，煮五分钟左右，下火。若有芹菜，切成细末，撒入搅拌即算完成。盛到碗里，牡蛎和芹菜的香味一齐沁人心脾，给人享受。色调也不错。既可直接撒盐、搅拌食用，亦可浇少许荞面凉拌汁之类的东西吃，也可只拌酱油食用。

干紫菜经常和牡蛎一起使用。随便揉搓一下加上去就吃才能充分品味。牡蛎量大约是粥的四分之一，芹菜占十分之一。火候以牡蛎放入后再煮一沸为宜。牡蛎菜粥用的粥以刚刚煮好、较为稀清的为宜。这样与牡蛎味道的结合也较好。注意牡蛎不要煮过头，芹菜末是关火之后才加入搅拌。总体火候要求大致如上。趁热食用，边吹边吃味道最佳，算得上初春的美味之一。

纳豆菜粥

吃不惯纳豆自然不在本话题范围之内。假如喜欢纳豆，那可真是没有比这更简单、更有味、更廉价的菜粥了。和前面一样，做好粥，加入四分之一或五分之一的纳豆，煮五分钟即可关火。就那样搅拌即可食用；也可像平时吃纳豆那样，加入酱油、辣椒粉、葱末，然后充分搅拌，使之产生黏稠感后食用；还可适当浇冲好的煎茶然后食用。这是美食家的讲究。若有水户方面的小颗粒纳豆，那就更没得说了。普通纳豆也可以吃得非常美味，我可以绝对保证！

糯米饼菜粥

适量放入过年期间剩余的年糕、镜饼来煮粥。煮好的粥内也可加入烤过的年糕。粥和年糕都是令人感觉亲切的美味。

加盐吃就不错，也可加入荞面凉拌汁或酱汤来食用，其中加纳豆味道更好。根据个人爱好适当加入干紫菜、炒芝麻、多味调料、香辣作料也不错。

野猪肉粥

也是先煮粥。野猪肉不像牛肉、鸡肉那样味道好，主要选其肥肉来用。把肥肉和瘦肉混合切成细末，放适量花椒皮，用另一个锅淡味调汤煮（注意汤宽）。加入香辣作料工夫后与粥一起搅拌即可食用。如果搅拌后重新合煮，则味道可能加重，反而不好。肉量大约是粥的六分之一程度为宜。如果有萝卜，切条后和肉一起煮味道会更佳。加入香菇丝味道也不错。

可是，晚饭吃这种菜粥，往往晚上会觉得热量过剩睡不着。切忌食用过量、过饱。鹿肉、猪肉菜粥也属同理。不过，兔子肉无论怎样处理都不入味。

鸡肉粥

餐馆习惯用鹌鹑肉来替代，并引以为自豪。说是鹌鹑肉做出来的味道最佳。事实上，斑鸫、山鸟类、小鸟类的禽类都有此功效。尽管各自味道会有些许差异，但大同小异。把肉尽可能切成碎末，把它和大米一起煮粥，然后浇高汤来吃是方法之一。另一种方法就是把切成碎末的鸟肉加料煮熟，然后添加到煮好的粥内搅拌，加生姜粉食用。不管哪种方法，一定注意要趁热吃，边吹边吃味道最佳。肉类粥一旦放凉，则品味下降，无人问津。

滑菇菜粥

滑菇采用罐头盒装的即可，从盒子取出后用水简单冲洗。

一罐六七日元的滑菇大约可以做五人份的粥。依然是先煮好淡味的粥，往粥内加滑菇，保持温热的程度即可。一旦煮过头，则滑菇有可能变老嚼不烂。盛碗六七分程度，浇上浇汁面的作料工夫汁或其他专门调制的料汁食用，相当时尚，越是讲究的人就越喜欢。别忘了给料汁上撒一小撮生姜粉。

蟹肉粥

无论越前蟹、梭子蟹还是其他什么蟹，只需要剥取其新鲜肉，在粥即将熬好时加入锅内。蟹肉占粥的五分之一左右，加入碎姜末以提高香味。如果是罐装蟹肉，使用前注意挤干水分。如果觉得罐头蟹肉不新鲜，则可适当多加姜末予以补正。当然，出锅前多勾兑一些芡汁也是不错的选择。

烧鱼粥

烩菜粥忌讳半生味。因此，用生鱼来做值得商榷，最好使用烤鱼。品种以加吉鱼、海鳗、鲩鱼、沙钻鱼等为佳。鲭鱼、鱼虾鰤鱼、沙丁鱼等因有腥臭味，不适合用做材料。一般来说，像加吉鱼那样皮肤呈现红色的鱼可用，而呈青黑色的无论什么品种都不合适。不过，也有例外，那就是海鳗。总之，首先还是应当以烧过的熟鱼为前提进行讨论。既可专门做素烧鱼，亦可做盐烤、涂酱烤鱼，也可以利用宴会上得到的赠品——罐头烤鱼等之类。这道烩粥里加入辛辣粉作料工夫及葱丝是不错的选择。当然，放姜末、姜粉也是必不可少的。最应当注意的是：绝对不能让鱼骨和鱼鳞混入。一根细小鱼骨的混入，也会导致整个粥无法放心食用。

除以上几种之外，精致美味的烩粥还有许多。恕不在此一一列举说明。

青菜烩粥——给白粥配上如翡翠一般的青菜，生萝卜丝菜粥——类似于萝卜炖米饭那样的烩粥，还有天下极品美味的河豚烩粥、银鱼青菜烩粥、小香鱼粥、海参肠粥、牛肉咖喱粥、当归烩粥、树芽菜粥，以及鹌鹑蛋、鸽子蛋、竹笋粥等，我以前吃过或亲自做过的烩粥还能列举出数十种。

最后，再重复一下烩粥的要点：首先，一定要让菜、肉、海鲜等的香味融入粥香；其次，保证粥内没有骨头等无法下咽的硬物，可以边用嘴吹边趁热食用。烩粥总是会给我们一种放松、安闲的舒适，应该说现在正是吃烩粥的季节。

剩菜的处理

星冈时期，我看到剩菜曾有感而发，说了些话督促全体厨师留意怎么处理剩菜。

我不知道别的地方怎么处理客人剩下的饭菜。我想把这些剩菜分为客人完全没动过的和大量剩下的，其中再把生鱼片、烤鱼等分别同类合并整理出来，以便更好地再利用。这样的话以前多次和大家提过，可大家觉得麻烦，从没实际操作过。

过去的厨师，许多都很有局限性，说到处理剩菜的事，总觉得太小家子气，不肯认真听。连一粒米都没吃就扔掉实在太浪费。我觉得作为料理人，应该要想到可以用它来喂麻雀、喂鱼或者做成糨糊。

这么说好像有点落伍。可是，哪怕只是一碗米饭，也不能无缘无故扔掉。有用的东西都应该物尽其用。

昨天有客人用餐到很晚，自然少不了剩下饭菜。今天早上我瞅了一眼垃圾筐，里面扔着几乎没动过的堀川牛蒡和其他菜。这可是厨师昨天精心烹制的十分鲜美的高级蔬菜。这种远比鱼鲜稀有、珍贵的京都牛蒡就这样被扔掉了。女服务员里如果有人做事稍微用心也不会出现这种情况吧。身为料理人，再年轻没有经验也不能这样把东西不当回事儿。

这种堀川牛蒡，兼具风流雅趣且具有食后口中不留残渍的特点，但其貌不扬所以不受青睐，有的客人不知道它好吃，因而不动筷子。希望大家不是把端上来的菜碰都不碰就扔掉，而应细细品尝，最好还能慢慢回味。

剩菜里有的是被尽情享用后所剩无几的，可在客人很多的日子，丝毫没动过筷子的剩菜也越来越多。

如果料理人有心，哪怕一片牛蒡，也应该考虑如何处理后能做成其他的美食。一个不剩地扔掉或让那些对美食一无所知之辈狼吞虎咽实在是暴殄天物。就连甘鲷的骨头也可以晒干做成干粮，处理的办法要多少有多少。

作为料理人，必须具备一种灵机应变的能力，那就是当自己费尽心思做的饭菜没被客人吃完或根本没动筷子，能将剩下的饭菜二次利用并试吃自己的二次作品以研究如何改进饭菜的口味。显然，这样做比较经济，但更重要的是，料理人是以料理谋生的人，当自己使用好材料亲手做出的饭菜由于客人吃不完而剩下的时候，如果不想办法化废为宝，并积极试吃、总结得失的话就不配干这一行。与其指望靠做厨师赚到的微薄薪水来勉强度日，还不如一心钻研料理更令人幸福。

不忙的时候是没有剩菜的。在会有剩菜出现的忙碌的日子，料理人要拖着疲惫的身躯再处理残羹冷炙的确容易让人当成硬差事对待，但我还是希望大家能有一种非要把剩菜变废为宝的执著。干一行，爱一行，这一点至关重要。如果从心底里热爱料理这一行，凭着正确的观念和对本职的忠诚，这点事一定能做到。

可能因为我比较擅长处理和利用剩菜，所以啰嗦了这么多。各位中有的已有家室，剩下的油炸食品带两三片回家，没准儿家人会非常高兴；还可以把大条的照烧甘鲷和菜叶、豆腐炖到一起，全家人其乐融融地围着餐桌一起享用。

如果真能明白这一点，希望大家能指定专人负责处理剩菜，充分考虑如何最大限度地发挥材料的功用。在东西还能用的时候物尽其用，获得最大的收效。我想不止料理人，这应该是所有人基本的处世之道。从处理剩菜做起，那么料理的创新也就指日可待了。

从闻听世界“料理之王逝世”说起

“被全世界美食家誉为‘料理之王’的法国头号大厨奥鸠思特·艾思考费耶①近日逝世。”

老先生长期生活在英国、德国和美国等海外国家，致力于传播法国美食文化的精髓，被人们称为“美食大使”。

先生在伦敦撒伯夷②酒店掌厨期间，不知有多少食客为一尝先生的手艺专程漂洋过海慕名而来。

战前，先生曾短期为德国皇帝服务，这其间，凯怡泽③对他说，“想毒死我很容易吧”，先生毅然答道：“法国人绝不做袭人不备之勾当。”

值此先生作古之际，巴黎各家报纸纷纷发表文章沉痛悼念先生离去，之前政府也为先生颁发了勋章以表彰先生为法国料理界作出的卓越贡献，所有这些都充分体现了法国是个崇尚美食的国度，他们将料理看做一门艺术。

上文是 4 月 28 日刊登在《东朝》上的以《料理之王逝世》为题的报道。文章从各个方面回顾了这位料理之王的生平，很是令人羡慕。

---

①②③：音译。

欧美料理与日本

我计划在四月上旬①从日本出发，由美国绕道欧洲再回日本，最近正在准备当中。此行的目的之一是在欧洲各地举行我的陶艺作品展，算是履行文化使命，同时，好好品尝一下正宗的法国、意大利、土耳其等各国料理，从而充分领略欧洲之旅的这一独特魅力。

我打算到了巴黎后在报上登个广告，收集一些料理方面的旧书和餐具。

不过，我对法国菜之外的料理没抱太大期望，怕那样反而会对整个欧洲的料理感到失望。难吃的鱼类、贝类，难吃的肉类，难吃的蔬菜，用这些材料能做出什么？那种能给人精神享受的料理就更不用提了。不过，他们在这样的条件下仍苦心研究烹饪技艺，做出了法国大餐或中国名菜，其中常见巧妇无米之苦，愚蠢的做法也随之而生，我们看到创意日趋单调，料理变得不伦不类。就算吃起来可口，但想从中获得赏心悦目的美感几乎是不可能的。

美国的人造食品，尝都不用尝，欧洲料理勉强可以一试。

以前一味崇洋之辈大多不了解日本。缺乏亲身体验，所以不知日本

---

① 译者注：昭和二十九年。

料理的精髓。这些人会做汤，但不会做酱汤；知道面包好吃与否，但不懂得米饭香在何处。这就是今天的日本人。要让这些日本人正视自己的饮食文化，理解日本这个国家的优秀之处，正是这种想法促使我游走欧洲各地，品尝四方料理。我要将自己亲口所尝、亲眼所见写出来，让大家正确认识欧美料理，不盲目崇拜或因偏见而妄加排斥。

食物是构成人身体的要因，也影响到人的精神状态，在它的作用下，人们或豁达开朗，或死板无趣。

说到日本料理，可以庆幸地说，它有不计其数的丰富原材料。这些美味遍布日本各地。不用费什么工夫，看着就赏心悦目，闻着吃着都其乐无穷。日本有丰富的食物。我准备亲自去看看在法国、意大利是否也有日本这么好的鱼、贝类。可以说这是欧洲之旅最令我期待的事。欧美人不像日本人那样习惯吃生鱼片，很简单，因为他们没有生吃也觉得美味的鱼。看看美国人得意地享用生蚝就知道，只要好吃他们是会吃生东西的。可以想见，我们甚至可以说如今来日本的外国人都是冲着日本料理来的。

不过，还不知道我的这些想法是对是错，现在还不能信口雌黄。也正因如此，才令我期待万分。

现在我可以大胆说的，是关于美。法国罗浮宫美术馆馆长居尔杰·萨尔①也对我说过同样的话。他说日本料理的视觉美是无可比拟的真正的美。餐具的美、装盘的设计、就餐环境的优美可以说都举世无双。这一点在欧洲无论如何是看不到的。言语中流露出他对料理文化进步的认同。

---

① 译者注：音译。

我看法国料理

在过去半个多世纪里，法国料理一直被过分夸大，俨然世界第一。我们日本人对此就深信不疑。这误解的根源在我们派往法国的公务员身上。他们大多是些年轻之辈，原本就不了解日本料理这些年的迅猛发展。我想，我们得出如此结论并为之感慨，并非是完全没有根据的。

虽说上有驻法大使、公使，下有贫困潦倒的青年画家，但他们当然不可能全部通晓日本美食。日本料理的精髓是什么？他们既没有真正探讨过，可能连想都没有想过。就是这样一批年轻人把法国料理无限夸大并宣传给了日本人。（这可谓是血气方刚、幼稚冲动一代的杰作吧）。那么，法国料理到底如何呢？我有幸通过这次欧洲之行终于算是搞明白了。在我看来，法国料理的发达程度还差得很远，还相当幼稚。自始至终，我也没能发现那所谓倾注了细致创意、拥有绝妙美味的菜品。不仅如此，作为美食享受不可缺少的“视觉美”甚至完全遭到排斥，简直让人失落至极！

相同情况如果出现在美国那样的新兴国家倒也罢了，可是却偏偏发生在法、意这样的料理大国，着实让我感到意外、震惊！当然，他们的料理也并非完全不加装点，但那种装点总体上给人一种稚拙，简直像是儿戏一般的感受，能不让人意外吗？

如果把“味觉”换算成数值，按一级、二级、三级依此类推，差不多能分出十级左右。只说好吃、不好吃，其实每个人的口味差异很大。一个人赞不绝口的食品，换一个人未必认可，这种情况很常见。这就是严格仔细品味者与对味道马马虎虎者之间的差异吧。当然，与在味觉方面的经验积累等也有关系，不可一概而论。

之所以我断言法国料理不配它所博得的好评及赞许，是有原因的。下面就来揭揭它的老底。总之，任何事情只要抓住根本便可以节省力气，省去许多繁冗的细枝末节。

首先，法国料理选料不精。原本料理的品质就取决于材料的优劣。从来就没有什么技巧可以把不好的材料修饰补正变成美味。料理有一条铁的法则：修正材料的先天不足绝对办不到！

我个人的料理考察之旅遍及美、英、法、德、意，全是以肉食为主的国家。可是法国却没有像日本那样的优质牛肉，很令人不可思议。不够档次的劣质牛肉似乎被广泛用于欧美料理。这样自然做不出可口的牛肉。

其次，没有鱼类。当然也不是完全没有，只是种类少得可怜，甚至只有日本的百分之一。既没好牛肉又没有多少鱼类，加之工艺稚拙，不懂料理之美学，服务生又缺乏礼仪教养，总之，感觉他们的料理从头到尾就全仰仗橄榄油了！

再者，法国料理所用餐具也很一般，看不到法国特色。以前情况怎样不得而知。据说四百年前他们使用的中国餐具品位不错，不知意、法现在是否还有。总之，我在巴黎古董店没有看到任何踪迹。餐具和料理的关系非常密切，这已成共识。意、法两国做得如何呢？和餐具不配的料理固然不好，配不上菜品的餐具也不成，原本两者之间就必须讲求协调。当今，法国料理之所以思路不清，问题正出在这里。也许就因为这一点，可以说我们从法国料理中几乎没有可以借鉴之处。这足以表明其餐饮文化水平之低下。根本原因在于法国料理所使用的食材的贫乏。无论什么地方，餐饮首先得关注有没有“好水”。一旦没有好的水源，能做出什么样的料理大家不难想象。不幸的是据说巴黎缺的正是这样的“好水”。市民们的饮用水是一种比啤酒还要贵的瓶装水。另外，肉食民族缺少好肉。羊肉、马肉法国人广泛摄取，猪肉味道上佳可以和日本镰仓媲美，鸡肉因为选材太嫩，作为禽类难得好评。而且，说到技法拙劣的海鲜类料理，品种还不到日本的百分之一二。蔬菜也无法恭维。这样一来，拿什么让我们这些美食家满足呢？以上略带片面地对法国料理进行了概评，归根结底一句话，法国料理不过如此程度而已。吃个蜗牛都觉稀奇、感到愉悦满足的法国人；喝着价值不足日本酒一半的葡萄酒，还以为弥足珍贵的法国人；还有那些对此高歌猛进、俨然事关自我名誉一般的日本有色眼镜党①、也就是经常光顾法国料理店的日本食客们，我不知道你们什么时候才能真正学会独立鉴赏、用自己的舌头尝出真正的美食呢！呜呼！

① 译者注：指盲目推崇法国料理的日本驻法人员、留法学生等。

夏威夷的食用蛙料理

小岛政二郎君：

有关我作品展会的情况，随后将和相关报道的报纸一并寄给你，请过目。

在此简要记述一下我在美国碰到的食品菜肴，供你参考。飞机一到夏威夷，与田君到机场接我，带我去火奴鲁正街上自己经营的“城市餐厅”，在那儿吃了我到达美国后的第一餐。食品是用芡粉裹住食用蛙的腿，然后用橄榄油油炸而成，相当美味。

食用蛙在日本也很盛行，不知为什么以前并没有特别的感觉。自从在“城市餐厅”品尝之后，却对它有了新的看法。于是，等我到达美国本土之后，一有机会就饶有兴致地点这道菜。然而，从旧金山点到芝加哥，却没有一家能赶上夏威夷的。看来，这道菜的正宗唯夏威夷莫属了。

出乎我的意料，夏威夷这地方美食颇多。在阿罗哈机场吃到的冰激凌、喝到的咖啡都非常棒！冰激凌有黑色的，黏度高，味道之美，前所未尝，至今还令人回味无穷。不知是风土之故抑或是气候原因，还是本身高档，夏威夷的咖啡也超级味美，而且牛奶伴侣味道纯正。品尝到如此高品位之咖啡，对我而言可谓是近来的一大收获。

在旧金山，来迎接我的人带我去了一家名叫“古若特”的意大利餐厅。它位于水产市场附近。不出所料，味道果然不错。龙虾味道甚至超过了日本！特别值得一提的是这里的蔬菜色拉。蔬菜接触牙齿那脆生生的声音，加上绝对上乘的味道，日本国内是万难品尝得到的。

不过，在餐具选用和盛盘方法这两点上，国外不管哪个国家都无法和日本比肩。在国外，一流餐厅却选择了低档的普通餐具；在盛盘方面也很不在乎。从锅里胡乱拿到盘中就算完事，对视觉美感的忽视令我大跌眼镜。在餐具和盛盘这两方面，日本料理之讲究可谓世界无双。食品不应该单单只是舌头的味觉享受，应该是所有器官全方位的美感享受。对此，我认为日本人的美食观念达到了世界最高水平。当然，我也深切感受到，像美国这样只追求门面气派、一切整洁（当然这也是做好料理的先决条件之一），却忽视料理的其他因素的做法未免太过肤浅。

旧金山飞往芝加哥的飞机中，免费提供的果汁味道之妙是日本国内不曾有的。蔬菜色拉也非常美味，但却不是美国菜而是意大利菜。

牛肉、猪肉、鱼肉方面的美味佳肴还没碰到。芝加哥的事回头再谈。就此搁笔，以航空信寄出。

四月三十日　草草

美国的猪肉、牛肉

小岛政二郎君：

继续写芝加哥的事儿。我在芝加哥又去了一家爱尔兰人开的餐馆。这家餐馆也卖烹制好的海龙虾（与龙虾同类，但龙虾没有夹子，海龙虾有像小龙虾一样的夹子，大小约为其身长的三分之二）。

店内像水族馆一样，在玻璃箱里灌满海水，用来养海龙虾。客人透过玻璃挑选自己中意的虾再由师傅当场做好食用。这种虾远不如我在旧金山的意大利料理店吃过的龙虾。本来看这家伙头长得挺大，心想没准儿虾脑味道不错，可一尝还是一样难吃，肉质太老，没有味道。

接下来说说纽约。在这儿，别人介绍给我的第一家店也是爱尔兰餐馆。这家店是自助式的，客人可以任意挑选准备好的肉类、沙拉等各种食物。可是这家店完全忽略了食物的灵魂——鲜度，而且还不卫生，让我很没胃口。没办法，另点了一个烤牛排，味道比日本的牛排差远了，不过烤制手法还不错。令我吃惊的是，这里的牛排几乎有日本的三倍大，两个人就花了 13. 5 美元。

总的来说，纽约的猪内、牛肉味道不佳，只有小羊排勉强及格，牛奶、鸡蛋也不怎么样。我对纽约的第一印象是，美国人食欲旺盛，吃东西讲究务实。

比如在曼哈顿，这个城市的每个街区一角都一定会有药店。大家都知道，这些药店除了卖药，还出售邮票、日用杂货及苏打水、冰激凌等，还可以在店内吃快餐。店内左侧多设计为可以站着吃东西的餐厅。我看了一下，客人大都点些汉堡、蛋糕配以橙汁之类，随便打发了肚子之后便匆匆离去，消失在熙攘的人群中。

在这样的地方只需不到两美金就能吃饱。早餐的话，烤面包10美分，火腿鸡蛋30美分，再加上20美分的咖啡足矣。

在纽约有一家叫“玛露奇”的意大利餐厅。他们家的酒和香肠醇厚鲜香，值得大书特书。尤其是一种叫做茜巴斯（鳕鱼类）的干炸鱼让我念念不忘。这种鱼大小约有一尺半到两尺左右，做好后刺儿很好挑，鱼肉入嘴，令我暗自感叹国外竟也有如此鱼中佳品。

说到鱼，还是联合国大使泽田廉三先生在府上款待我时的茜巴斯生鱼片算得上屈指可数的上等佳肴，连在日本都属罕见。

另有一家在当地有相当知名度的日本料理店，名为“古都”。我去店里时，点了一道日式牛肉火锅，不想里面竟是和相扑选手吃的什锦火锅一样的大烩菜。吃惊之余，我向店主打听了一下，原来他是新潟人，对东京、京都都不大熟悉。于是我示范做了一道日式牛肉火锅，供他参考。做好后，他吃惊地问：“咦，日式牛肉火锅，这东西是这样做的啊！”

哈哈，有趣。

五月二日出发去伦敦。

丹麦啤酒

小岛政二郎君：

去往伦敦的途中，在加拿大古斯贝机场等候天气好转，一等便是十二个钟头。

提供给我们乘客早餐中的培根肉非常美味。可以说，是我在美、英、法等国吃到的最上品的味道。

五月四日凌晨一点到达伦敦，滞留三天。

英国人的消遣生活，日本人无法比肩，丰富得简直令我们羡慕。道理应该是这样吧。英国人无论外观、内在气质都属质朴——这只是对英国人而言的质朴，在我们日本人眼里却到了令人羡慕的程度。就以海德公园附近超市的商品为例来看，尽是高档品。

伦敦当地人走路步履颇快，充满活力。

以前认为英国食品味道差，现在才发现听和看大相径庭。英国不愧是历史古国，在料理方面有美国等无法比及的格调和规程。事无巨细都很周到，料理的味道也很出色。

原打算一到伦敦首先品尝向往已久的烤牛排，可是很遗憾这里仍实行着肉食配给制，夙愿暂时无法达成。听说我离开后不久管制就解除了。真想再次折返回伦敦一趟。

我喜欢啤酒，每天都去喝。在纽约一家俄罗斯餐饮店碰到的丹麦啤酒，算是我离开日本后喝到的至上美味。啤酒的牌子叫嘉士伯。这种牌子有黑啤，日本所有品牌的啤酒自不待言，其口感甚至比美国、英国、德国、捷克、法国的啤酒都要好。与美国的喜力相比，日本的麒麟更好。

进入美国市场的日本啤酒类似于罐装的美国啤酒，不好喝。在这里，我才明白啤酒亦是以新鲜为佳。在美国喝到的德国啤酒并没有大家评价的那般好。我想，或许是因为长途跋涉，在船舱里、火车上长时间颠簸，丢失了什么重要成分之故吧。

“啤酒还是小罐装的好”——这是我一直以来的看法。来这边后，这一观点的正确性得到了验证。到国外一看，所有地方的啤酒都是小罐装。但愿日本也能早日认同、接受这一理念。

五月七日到达巴黎。法国啤酒特别难喝。这也许因为法国缺乏好的水源。捷克的啤酒稍微带点儿中药味。德国啤酒在此也不如评价的那般美味。眼下，我正琢磨着：就这种味道，还值不值得专程赶去品尝一番？

日本的一切均优于外国

像文章说的那样，如果料理之王是日本人，我等也许可以天天乐此不疲地享用他的手艺。

我们日本，自古以来但凡是和精神层面相关的事情，绝不逊色于任何其他国家，唯有料理人这一条，从未出现过一个像样的领袖人物。

日本料理和西洋料理的根本区别

日本料理和西洋料理追求的理想有着本质的不同。西洋料理大多是通过煮、烤等手法将拙劣的原材料制成美味，因而需要高度的理论技巧，而视觉效果可以忽略。正因为这样，西洋料理是缺乏美感的。西洋料理中材料的色彩并没有发挥太大的功效，所以可以说它不是赏心悦目的料理。相应的，对餐具的美术性要求也没有那么高，只需雪白干净即可。

这样一想，其实西洋料理也没什么难度。前面文章中的料理名人不知是何许人物，不过，既有一世英名，那必定是位热爱料理之人。在味觉上有高于常人的天赋应该是在料理界出人头地的第一要素。

同时，这位名人，之所以能在欧美料理界广受赞誉，其高超的技艺自不必说，更重要的是他一定是位人格高尚的人。

细品日本料理与西洋料理之本质差异

日本料理拜天然材料所赐，无需西洋料理之复杂技巧便可美味食用。好的鱼鲜，只需撒上盐直接用炭火烤制便成一道风味绝佳的美食。蔬菜也是，只要新鲜，不用费什么工夫就能很好吃。正因为这样，日本料理中制作者的聪明才智对美食的贡献并不大，而如何物尽其用展现原滋原味才是根本原则。复杂的调料和制作工艺在日本料理中一般是不用的。

可能有人会因此觉得日本料理相当简单，殊不知这品天地之原味才真正不易。加之知道这一点的人少之又少，所以才敢如此断言。

大众容易接受像西洋料理、中国料理这种依靠人工粉饰的美味。而似懂非懂的，便是前面提到的知天地之原味。

人的问题

不知是该称之为个人魅力，还是人品，总之，料理之王应该是位人格健全品德高尚的人，我认为这一点是根本，使他获得了整个欧美唯一的料理王冠。

看看日本料理界，论刀法，有那么几个手艺高超的师傅；论烹饪技巧，也不是没有出色人选，遗憾的是，他们当中没有一个是有着健全人格和高尚品德的人。不论做什么，高尚的人是问题之根本，这是不容置疑的事实。有了高尚的人才能做出出色的作品。相应的，才能成为独当一面的干将。即使没有什么成绩，只要是个品格高尚的人，他就是优秀的。若是再能做出成绩，就更是锦上添花了。这时候，他就是我们常说的像样的人了。

在这个意义上，如今的日本料理界实在一人难求。再加上日本料理追求美术性，还需要有高度的审美能力。此外，食物原材料种类琳琅满目，能一一区分开来的经验和鉴别力也必不可少。

不管是“鲷鱼”、“鳗鱼”还是“萝卜”，细分下来都有若干种类，可能从好到坏又有好多档次。能分辨好坏，把握特点，考虑得失，合理安排本已不易，做出体现恰到好处之美、吃起来美味可口的料理就更难上加难了，这绝非碌碌无为之辈所能办到之事。

不易为大众了解的天然原味和大众容易接受的人工美味

其实天然原味种类繁多。有一千种鱼，就有一千种鱼的原味；有一万种蔬菜，就有一万种蔬菜的原味。把它们一一品尝并牢记，看似简单实则颇为不易，更何况要物尽其用就更难上加难。而料理的做法，人工的味道由于数量有限，相比之下就容易多了。光是种类就很好记。此外，人工味道都是人自己的同类制作出来的，自然吃起来容易接受。可能是这个原因吧，人们大都喜欢人工加工的食物，而不再有更高的追求。

如果用绘画来作比方，喜欢装饰画的人通常对自然美都没多大兴趣。好比有人看到绘有芒草的画，即使是装饰画也十分中意，却对真正的芒草不屑一顾。哪一个更有美感不言自明，真正的芒草本来就是美的，可人们却不懂得欣赏它本色的美，而去喜欢不入流的画里的芒草。

多数人对美味的认知也大都停留在这一水平。简单说，若想成为日本料理高人，就必须能用有天赋的味觉分辨各种食材固有的原滋原味，并能苦心钻研如何物尽其用。日本料理不像西洋料理那样靠翻勺等厨艺取胜，而是将辨别食材的优劣作为第一要务。具备了这种能力，才是真正懂得日本料理根本精神的人。此外美术鉴赏力也不可或缺。因为料理的级别越高，相关的餐具及其他要素就会附加更高的美术价值。

日本料理不是光用来看的料理，它是值得细细鉴赏的料理。只要不是在暗室里吃的料理，只要不是为盲人准备的料理，就没有哪种好料理是可以脱离美而存在的。

那位法国知名的料理大师奥鸠思特·艾思考费耶，是否真的深谙前文所说的美和天地之原味呢？以画而论，他应该最多算是栖凤、雁治郎之类以画工见长的画匠吧。西方人所说的世界第一，多是嘴上说说罢了。

美味畅谈

上京时期

我初到东京的时候，有一次，京桥的啤酒会馆举办什么庆典，啤酒半价。我打算美美喝上一回就去了。当时年少无知，心想，在喝这洋玩意儿之前，先得吃点西餐吧。可是，那时候对于西餐两眼一抹黑。听到bihuteki[①]这样的词，根本弄不清它是蔬菜、是肉还是饮料。怎么办好呢？我开始思考。无奈之下，只好记住邻桌客人点的菜名，然后坚持等菜上来看个究竟。可是又一想，不对啊，端上来的菜或许是人家早先点过的也不得而知。于是便又犯了嘀咕，开始焦虑（要说起来，当时想得还蛮周到的）。总之，当时就点了个 bihuteki，心里盘算着，如果端上来什么怪里吧唧的东西俺就撒腿一跑了事。还好，上来的和邻桌的一样，我长出一口气。接下来，便听到并记住了一个 hurai[②]，于是我也点了hurai。心想，我可记住了两个西餐的菜名啦！反正我是看着、学着别人的样子在点菜。回想起来，我吃西餐那阵京桥的西餐店是何等古色古香

---

① 译者注：西餐中“牛排”的外来语发音。

② 译者注：西餐油炸食品之一。

啊！有时餐厅也叫京桥的艺妓过来服务。当时有一家叫什么“伊太利”的西餐厅，厨师专做意大利风味的面条，很拿手，店面就在“艾利治”或者“三共”的旁边，据说能加工制作两百种以上的面食。我每天去吃，而且点不同品种。在吃的问题上，我是如何喜欢钻研，由此细节可见一斑。我当时就认为是一个学习的好机会才坚持每天都去。

终于有一天，那家餐厅开始感到为难了，直言无法保证每天一个新花样。虽说我每天预付了下一次的饭钱（也就二三十日元左右），但对方感觉到了责任和压力。这应该是十七八年前的事了。

记不清是去年末还是今年初春，以做咖喱米饭而出名的“南洋”餐厅的女老板来信提到当时的事情：“我至今还保留着先生为我画的素描头像，如果方便，希望您能来看看。”等等。

可惜，现在连那封信也不知丢到哪里去了。

料理店的经营

日本人吃的料理无一不是日本料理，无论鳗鱼店、寿司店或其他什么店都一样。可是，比方说日本料理总共有十种，现在的厨师大概只能掌握十分之一，即使不懂另外九种他们也全然不当回事。原因是：几乎没有人做这方面的技术指导，也没有人过问此事。“星冈”经营着日本人吃的所有东西，所以，真正称得上是日本料理。西洋料理、中国料理也各有其道。如果“星冈”想要涉足此领域，则又必须配备我能看得过眼的设备。总之，“星冈”和一般世俗的想法有着本质的不同，其目的并非一味只为赚钱，只是所借助的手段方式具有相同性而已。一般厨师是劳动者，店主是资本家，双方都是为了利益在经营。利益是最后追逐的对象。在这一点上，“星冈”的做法有所不同。它不追求店面维持费以上更高的利润；它赚钱不是为了去玩赛马或其他种种庸俗的游戏。

“星冈”为的是真正追求料理之道，为了日本餐饮业的重建。一般餐饮店并没有真正享受料理之道。“星冈”在东京十年立于不败之地；

在大阪虽说有人出来百般阻挠，喋喋不休，但我想只要真正追求料理之道，不管地方在哪儿也是会成功的。不管你是牛肉店或是其他什么店，总之我们都是在做日本人的餐饮，这么基本的道理他们怎么也搞不懂。他们又怎么会搞懂呢！那些商人整天只敲着自己的小算盘，他们哪有工夫去理解——“星冈”是为了追求料理之道而奋斗的境界呢？我的身份使得我自己说这些话略显不太合适。总之，我想说像“星冈”这样的方式天下少有！做生意一开始就盯住利益，是很难把事做真做好的。不能一味只算计是否划算、利润如何。如今的餐饮店严格说来设备、餐具均不够格，作为餐饮中重要一环的餐具，没有得到他们足够的重视。莫非他们打算直接把食品放到餐桌上？餐具绝不可以随意凑合，因为它的作用无可替代。餐具和食品的关系就如同我们和自己的“另一半”一般重要。餐具选好了，接下来就要考虑选餐台以及餐台的摆放位置。如果其中任何一环出问题，就难称一流。可是，在这个问题上，一般餐饮店总是以次充好，只花五日元购来的东西硬要当十日元的去收费。就好比用自己相貌一般般的老婆去做餐厅侍应，自觉对不住客人，店主人不得不频繁外出殷勤招呼一样。未尽料理本职责任就想经营餐饮生意，哪有一丝品位、道义可言？

与此相对，“星冈”店就如同一所真正的料理学校，有实力的人被不断录用。如同上陆军大学必须具备少佐军衔一般，来这里的厨师也须达到一定资格。现在的厨师什么都不知道，只知道埋头于操作间，全然不知怎样给客人上菜。如何上菜，这当然也是料理的一部分。总之，和一般餐饮店做菜、上菜的要求完全不同，见识不在一个档次上。否则，日本那么多名人怎会花冤枉钱呢。他们可全是懂得花钱之道的绅士新贵啊。“星冈”店不唯利是图，由此也可见一斑。大阪方面的人士也应该了解“星冈”在东京十年的奋斗史。可是，一些自己没脑子的人却把“星冈”的成功看成如同赌赛马手风很顺、歪打正着一下子赚足了腰包等。能够经受十年磨砺然后才逐渐走向欣欣向荣——这难道还能算是歪打正着吗？可是，一些旁观者如果不那样想，好像自个儿心里便无法平衡啊！

一句话，世间有一种精明的商人软硬不吃，很难对付，“星冈”不是这样的。有时倒像个软硬不吃、很难对付的大少爷。过去武士兵刃相见时，推崇坦荡决胜负，其认真的态度就是“星冈”作风——一副大少爷的嘴脸，否则，天下名人有谁愿意与其为伍。本来这些话不应该由我来讲。没有人说，我是不得已而为之啊。在你对它一知半解、没有认清之前，千万别误以为它随和，轻易骂它“顽劣公子”。否则，你会倒霉的。它实际上是个很难对付的大少爷。在这层意义上和丰臣秀吉有一拼。据说后者当年就是个软硬不吃、很难驾驭的大少爷，所以能成大器。另外，没有丝毫吝啬小气之欲念才成就了丰臣秀吉。

鳗鱼的前期处理

像鳗鱼一类的鱼往往洗过之后味道更佳。不过，东京厨师中却鲜有人懂得这一点。另外，在东京鳗鱼之类原本真货就少，几乎清一色的全是养殖鱼。不过，看他们做鳗鱼的前期处理倒觉得蛮有趣的。

这方面东京的厨师明显高出一筹。普通人一般处理不了鳗鱼，而对这些得法之人来说却并不困难。窍门在于操作之前一定要把抓鱼那只手的温度降到与自然水温一样，然后用这只手去轻握鳗鱼尾部。这时，也许我们认为鳗鱼会向前蹿；其实不然，它会向反方向钻过来。这是它的习性使然。或许鳗鱼以为碰到了岩石之类，它会迅猛掉头，像是要钻入岩石缝隙一样钻进你的手掌。这一瞬间，操作人员只需借其力量往前一推，即可将鳗鱼抓到砧板上。然后在鳗鱼头颈部猛击，鳗鱼即时失去知觉。利用这短暂的时机噌噌两三刀，便从头部一直刨开到尾部。看起来的确令人觉得不可思议般轻松简单。可是，如果不得法，用温热之手直接去抓头部，鳗鱼会不停地左右摆动，很难对付。一流名厨在这一环节上便能表现出非凡之处。这种熟练的技术在关西很难见到，是东京厨师引以自豪之处。

不过比起鳗鱼，更难处理的是泥鳅。一般人或许不这样认为，那是因为他们不了解泥鳅的身体构造——泥鳅有很多细小的肋骨。如何恰到好处地使泥鳅肉、骨彻底分离不太容易。我曾试过很多次，但效果都不十分理想。

饥饿不品食

突然想起一件事：有一阵子，我曾连着好多天去江州吃鸭肉。一方面，自己总觉得鸭肉比鸡肉好吃，另外人们都这么讲，自己也表示了认同。于是，听说江州鸭子美味，在那一带很有名，就去吃了。竟然连续吃了近十天！既没觉得特别好吃也不觉得难吃。可是，在吃了不少鸭肉后，有一天突然改吃了一次鸡肉。孰料，竟比鸭肉好吃许多，太惊奇了！

当时甚至觉得选择吃鸭肉亏大了。

看来，东西非得亲自品尝，不可人云亦云。然而，一些自称的所谓“美食通”，东西都没正经吃过却在评论、写作，出版“美食谈”。什么野猪过去怎样吃啦，中国用哪个汉字标记啦，荞麦是什么科的植物，怎样收、碾、晾、晒啦，等等，俨然自己无所不通。实际上，自己认认真真连碗荞面都不曾品过。说的全是空的，都是从辞书上转抄过来的。前面提到过的天妇罗也是如此！什么精装金箔本上如何如何说，那么，要问他吃过几次那种天妇罗，结果却没有。可是，却振振有词说什么哪家店用了榧子油，所以天妇罗好吃。这么一讲，不懂的人还误以为这榧子油品质高档呢。事实上，榧子油反而更廉价。这样一来，整天嘴上挂着榧子油、榧子油的，结果在替什么做宣传呢？不得而知。

所以孔圣人的年代，就有过“饥饿不品食”，“食之人众，然品食之人寡”等说法，的确如此啊！

我个人完全是吃过来的。我从小对味道就有一种咬定青山不放松的执著。而且怎么说好呢，总是有一种享受美食的愉悦心情。要想自由自在地去品味美食，现实问题是要有足够的钱。我曾是一介穷书生，也达不到食之自由的境界，不过发生了这么一件有趣的事。

那是我二十一二岁，在一家公司做文员时的事情。我上面的一位男性科长（后来做了资生堂的高管）经常和我们一起吃午餐。我们年轻人都没钱，吃不起什么像样的饭菜，科长居然也和我们吃一样的东西。这让当时的我着实纳闷不解，甚至胡思乱想：反正他晚上回家有好的大吃一顿。不过，我个人从那时起就比较不爱将就。当时豆腐又便宜又好吃，所以是我午餐的首选，而且用的酱油是我在家里自制带过来的。吃豆腐本身并没什么新奇之处，主要是我用来盛豆腐的容器比较别致。这是一种当时被称为钻石的红色玻璃工艺品，非常精美。在精美的晶莹剔透的红色玻璃容器里放入纯白的豆腐，可以想见视觉效果多么美妙，豆腐也显得格外可口美味。于是有一天，科长终于不无羡慕地说："你小子档次蛮高嘛!"我急忙回答说："什么呀，豆腐才值几个钱，这哪能算得上档次高？没准我点的菜比大家都便宜呢。"事实的确如我所言，豆腐相当便宜。豆腐便宜倒是不假，可是盛装它的容器如前所述，是件精美的艺术品，所以从旁边一看，实在显得有些奢华，也就给人一种错觉，以为我在吃什么奢华的菜品一般。但毕竟只是好像，所以科长马上接着说道："哦，那倒也是。不过，你的这件容器实在漂亮!"原来他是在说我用的这件餐具奢华。现在回想这些对话细节略显多余，不过当时的确发生过。于是，我胡乱编造故事替自己开脱说："钻石玻璃器皿也许的确略显高档，但这是我们家过去就有的，因为没有其他合适容器便拿来用了。"实际上，那玩意儿是我把少得可怜的零花钱存起来，在当时情况下以不符合自己身份的高价购买回来的。情急之下的这番胡编乱造实在荒唐，还好之后科长也便没再说什么。

朝鲜牛肉

但凡食品亲自品尝——我坚决地履行这一原则是去朝鲜时的事，当时我二十四五岁。朝鲜似乎没有什么好吃的，不过，相对而言牛肉还算不错。当然，也许是因为没有其他可吃之物才觉得牛肉不错吧。当我把这种情况讲给某位男士听时，他信誓旦旦预言道："再好吃，你也不可能连续吃上一个月吧。"我回应道："怎么不可能！"于是便开始每天吃牛肉，结果一吃便一直持续了半年。

的确，坚持吃到半年时，我终于有些厌倦了。

在朝鲜期间印象颇深的是鸡蛋鸡肉盖浇饭的味道。我当时以画家的身份供职于部队司令部，当时送到司令部的蛋肉饭味道鲜美。奇特之处在于鸡蛋经常保持半熟状态，恰到好处。至今我还觉得不可思议。另一个留在我记忆中的朝鲜食品，是从汉城到新山途中吃到的大个头芹菜。说它个头大，的确又粗又长，足有近一米高，长起来就像茂密的灌木丛一般。看起来很嫩，味道应该不错。每次经过那儿我都羡慕得不得了。我早先就特别喜欢水菜中一种脆嫩的品种，把它在开水里一焯，即可食用。这样处理过的水菜呈翡翠色，吃起来脆生生的，非常可口。可是一旦煮过时了，颜色变差，香味消失，吃起来也不脆了，多煮一小会儿都不行。我每次看到那些芹菜就会想到若用它来模仿水菜那种吃法一定不错。终于有一天，我请求当时管内务的人购买回来那种大个头芹菜，试着做了一次，实在很美味！我一个年轻人却只顾抢着吃芹菜，若有旁观者看到一定会感到莫名其妙的。

豆腐之味

总的说来，无味、湿溜溜、软乎乎的东西中美味比较多，豆腐、魔芋、山芋之类都属此列。

中国菜中有种叫白木耳的东西，汉字写做“银耳”，属木耳类食物。从重量上看，有时价格直抵黄金，相当贵重（一钱就值一日元二十分）。在水里浸泡会膨胀到原来的好几倍，所以，也并不算贵。可以说银耳也属于这一类的美味佳肴。北陆地区的蕨菜等也属这一类，餐饮工作者一定要了解这类食材的味道。

味道不能仅靠舌头尝，而应该广泛地多吃才对。像豆腐一类的东西特别重视口感，生吃时以细豆腐为佳；煮着吃时，就用普通的更好。即使稍粗，一经煮沸，感觉也就变了。也不知是否属于什么化学反应，口感会松软许多。使用质地稍粗的普通豆腐就可以。好豆腐一般都是煮着吃，原因就在于此吧。看来没有人和好吃的过不去啊！

大蒜也是我的所爱。这玩意儿只要稍吃一点儿好像就能感觉到精力充沛。

可是，大蒜的气味令人头疼，就像我们面对河豚①时两难的感觉。想想那河豚，味道多么清雅、鲜美啊！我前一阵连着吃了十天左右，结果，一位先生和我谈话时，居然说他闻到一股河豚的气味，我先是一惊，急忙嗅自己的身体，果真有河豚的气味。一想到它的剧毒，不禁有些后怕！

中国料理与京都料理

接下来谈中国料理。中国料理之所以发达，是因为它不仅仅只停留在追求食道之乐趣这一层面，另一个成为推动其发展、发达的原因便是食物的不足。比如说桂鱼，在中国，人们会非常珍重。可是在日本情况就大有不同，没有人认为它多么好吃、多么稀奇，原因是日本有更多更好的、味道比它鲜美得多的鱼。在这一点上，似乎离海越近，料理就越

---

① 译者注：一种味道清雅，但体内脏器含有剧毒的鱼。调理不当食后会引发食物中毒，甚至夺取性命。

古风九谷烧牡丹纹四方盘

不发达。也就是说，海边食材丰富，不用在料理上下工夫，随便加工一下就能很美味。另外，在日本，烹调料理时的浪费也很严重。就拿鱼来说，切头去尾，刨肠刮肚，说严重点儿大部分都作为垃圾扔掉了。导致出现这一结果的原因，与其说因为不懂料理法，我更愿意把它归结到食物过于丰富，以至于人们根本没有节约的意识。

中国料理往往会用我们意想不到的东西做食材，这是否也源于食物不足的事实呢？比如说蟾蜍就是一例。中国的蟾蜍总体上比美国的食用蛙还要好吃，但稍有苦味。

京都料理的发达与中国的情况有相似之处。首先三面环山，而且又是千年皇城、名寺院林立的文化中心，自然而然烹饪法就得以发展、发达起来。

下面说说吃荞面的窍门。不能一小口一小口地吃，相反，一次足量吸入口中，鼓起腮帮子，让荞面下咽时对喉咙形成挤压摩擦。这样才能够真正品尝到荞面的美味！

想要真正弄懂某种食物的味道，非得亲自大吃特吃。一直坚持去吃，直到某一天产生厌倦。只有这厌倦感过后才算真正弄懂了。

味觉愚人

好吃不好吃其实就是对营养价值的检验。

没有超过食材天然原味的美味。

当今日本烹饪缺乏美的情趣。

一个人做饭菜、吃饭菜的偏好其实都受制于其年龄。

以烹饪为职业之人，应努力培养对餐具的审美意识。

致力于创造高级、艺术的餐具之人必通美食。

营养价值百分百却很难下咽的食品绝不存在，即美味必有营养。

味觉体验唯有亲口去吃，别无捷径。拥有好的美食体验，就能够做好料理，具备好味觉，因而幸福，享受美味的资格自然便会更高。

当今已不存在所谓纯日本料理。

品味料理，也需要顺应命运对你的生活所作的不同层次（低、中、高、特高）的决定安排。同时，也会依次制作与不同层次相应的各种料理。

成为穷国的日本之料理，随之所产生的烹饪专家的料理，收音机、电视机上每天播送的讲座料理——这些就构成穷国日本的料理研究：一门心思对于营养料理的思考。

一颦一笑，矫揉造作、为谋生计而当上烹饪专家的人们，自从他们出现在电视上以来，日本的烹饪水平便一路下滑；人们开始为自己无谓地浪费而自豪，并打算把那种低层次的饮食生活进行到底的风潮却一路看涨。

他们所讲的做法原本不属于日本料理，如今却如此这般在日本烹饪界产生影响，使日本料理不断滑向低俗的深渊。这景象实在令人不堪目睹。不注重内容实质者，自然就会滑向只求外表门面的装点。

身体需求决定食物味道。因此，饥饿是最高明的厨师。

随便破坏食物原味，现代人丧失了许多享用美味的机会。

出于哄小孩般的恶作剧，对不作处理便具备营养、美味和色泽的食物加以烹调——这等于厨师在表述自己的无耻。

虽然笼统都称“日本料理”，但要给它作出个具体的定义却不容易。因为一旦下定义，总会产生这样那样的问题，引发无休止的口水战，往往反而使焦点变得模糊不清。过去如此，现在更是这样！

我认为，日本人所以喜欢、常吃生肉片，便在于他们尊崇自然之味、天然之味胜过人工。

一切以不破坏食材的原味为烹饪的至高要诀，做到了这一点便可谓堂堂正正、无人出其右的优秀厨师。

排第二位的才是审美的问题。

由喜欢好吃的到喜欢好的，再到喜欢上档次的，像这样一步步走向奢侈的过程，才能催生真正有品位的料理。

对味道没有自信的人如果去做菜，结果只能添乱。

满足于低档次餐具的人，只能做与之相应的料理。在这种环境中成长的人，（在料理方面）也便难有大的作为。

虽然笼统都叫料理，但门类颇多。既有餐馆料理、家庭料理，有富人料理、穷人料理、工薪阶层料理，有都市料理、农家料理，还有老年人口味、年轻人嗜好，更有情侣套餐、病人营养餐等。这就要求烹饪者具有丰富的经验，不可千篇一律，只做自己认为好吃的。

如此博大精深的味觉世界，要求我们应该牢记万千世相。

即使烹饪领域，也没有人敢自诩自己旁通一切。我们永远都存在那遥不可及的目标和追求。

把某一食物一直吃到将要烦腻的时候，新料理才可能诞生。

食物是我一直在思考、思考到连我自己都吃惊的东西。换言之，我一直情陷美食探求。看到那些只求填饱肚子，对食品没有丝毫评价、要求的人我真想蔑视他们。我至今仍坚持自己做饭。一日三餐，一顿也不敷衍了事。我渴望终生贯彻美食。今后能够倾听到的美食话题会越来越少，将令我的晚年分外寂寞。在这层意义上，我也难免成为一个孤独者。

被称做烹饪专家的人们近来一直在电视上开办料理讲座。原本属于味觉系统的东西却不得不依赖视觉来表现。可是，那些进入镜头的老师们，在做菜的过程中竟然戴着手表、戒指！更过分的还有涂指甲油的！看到这一幕，谁的食欲会不大打折扣？而且这些烹饪专家清一色多是老头老太，在电视给出的特写镜头下，那一双双手竟不怎样清洁。料理原本意味着推知食物之理，既然研讨、追求的是美味，希望他们能够在自己的行为上多反省，再仔细认真一些。

“盛盘要注意漂亮、整洁。”随着女讲师的声音，当我看那些餐具时，发现尽是不值钱的便宜货。真想提醒她一句：“您想清楚了，餐具可是料理的衣裳啊！”

餐具在不断退化。现在大多数的日本料理无法令我们满意。这是否也可以解读成：餐具的退化是受餐饮业萎缩的影响。

没有超过新鲜的美味！

自然的营养价值、营养的结晶就是味精。

京都自古料理就十分发达，毕竟长期以来曾是皇居所在地。而且四周环山，缺少真正需要料理的新鲜鱼类。送到这里来的材料多是豆腐、豆腐皮、紫萁等。必须用这些不起眼的材料，做出令名门贵族满意的菜品。材料、环境造就了京都料理这个餐饮界的奇葩也就顺理成章了。

金枪鱼什么时节、哪里产的口感好？加吉鱼该怎样吃才美味？了解这些就足以让你具备美食通的感觉。

但是，料理不只是这些。要想品味真正的美食、成为真正的美食家的话，就必须从品尝米饭做起。有几个人能判断出米饭的好坏以及与此并列的高汤的优劣呢？

喜欢美食固然不必成为知识渊博者。但越是常用的、身边的、能成为烹饪原料的那些东西，越需要你透彻了解。

我们经常能够听到在何处采集、多大的山葵味道最佳这类议论。但是，用什么样的山葵研磨工具、怎样研磨却未必有人关注，甚至专业人员中知道的也不多。

这么说，很少有家庭备齐厨房工具——钢刃锋利的菜刀、萝卜叉子，尤其是像鲣鱼刨子那样的东西，而且能保持清洁，随时能够派上用场的工具未必样样都有。

好的料理是靠脑子悟出来的，不是靠手做出来的。但凡名厨、大厨无一不是这样。

和其他领域相比，当今烹饪界略显肤浅，存在缺陷。可是具体要问我存在什么缺陷时，我好像也说不大清楚，只是觉得有问题。主要问题恐怕在于仅仅只为做饭菜而学烹饪，此外别无其他追求，目标过于单一。我认为，需要仔细研究借鉴其他领域的大师的经验和做法。

一旦尝到了芥末的味道，你恐怕就要破财了。

如果你对营养丰富的肉没有食欲，那它自然便不再是你的美味，对你也就失去了价值。

外国人也罢，日本人也好，似乎没人从心底真正地享受料理。不是说他们不希望，只是因为找不到真正能提供味觉享受的地方，餐厅、家庭都提供不了。人们嘴上整天挂着“营养”二字，甚至把喝营养液和吃营养食品都混为一谈，完全张冠李戴了！

营养食品常常指提供给被大夫、医院收治之后无法自由活动的病人、幼儿的特殊食品。对于想吃什么不受限制的正常人而言，根本没有必要在意什么维生素呀热量呀之类的东西。

只需不断去吃你喜欢吃的东西，不喜欢的便不去理会，这本来就是合理搭配。

像鸡、狗之类的动物，它们所得到的食物无法称营养食品。可是正常人就不存在医生所说的偏食问题。因为在偏食发生前，他的味觉早告诉他：该换食品了。

以商业为目的的餐馆料理发展壮大起来，形成了日本料理的一个方面。另外，以富豪招待众多宾客为主的宴会料理自古以来就完善发达，保有一席之地，代表着日本料理的另一面。

此外，便是老百姓维持日常生活的家常便饭、乡土料理，它占据日本饮食的主体地位。比如日本有一亿人，那么其中九千五百万人每天就吃着这种简单的家常便饭。虽然简陋，但以其自有的传统方式独享其乐。

可是，数以千万计的日本人一日三餐中的大部分副食品简陋得令人失望。贵的吃不上，又不太懂料理方法，只好沿袭旧的传统习惯，不思改进，自我满足。也许正是瞅准了这一点，那令人讨厌的电视料理讲座才一遍又一遍地在坚持播放。

好吃不好吃并非是无意义的味道概念，其实它就是营养价值的指标。

料理即是以自然为素材，一方面为满足人最原始的本能，一方面又把其技术演绎到艺术高度的过程。

“人如其所食”——这是布里亚·萨瓦让在其著作《味觉生理学》里说的一句话。通过饮食可以窥见一个人的生活，进而窥见其人生态度。

要想真正了解一种食物的味道，只有坚持亲口去吃。在一直坚持的过程中，总有一天你会厌倦。正是这种烦腻感到来之际，你才能真正清楚地理解它的味道。

说到料理的真义，其实并不深奥。就是吃到或让人吃到美味佳肴。不过，美味未必和价格贵贱有直接关系。一般认为美味佳肴一定颇费工夫，其实也不尽然。

菜品好坏首先取决于其材料的优劣。完全看材料选择。所以，识别材料优劣至关重要。以前很少论及于此，其实它才是烹饪理论中真正的“命脉”所在。对于哪种萝卜好、哪种加吉鱼鲜、哪种鲣鱼干优的识别判断是最重要的。对此，至今以来似乎重视不够。如果跳过这一环节，一切从何谈起呢？必须首先从识别材料的能力培养做起。就说海带，它也分三六九等，像人造丝和真丝的差距一般大（自然界也存在“人造丝”一般的仿制品）。

做任何事都须重视基础，烹饪也不例外，同样需要基础教育。猪也罢、加吉鱼也罢，都需要进一步细化，按大小重量再分门别类。禽类的鸡也同样千差万别，越老的鸡肉越不好吃，生蛋前的鸡肉味道就比生蛋后的好。

另外烹饪的关键在于量度的拿捏把握。同样的材料，量的多少、火候程度如何都会影响到味道的好坏。要掌握量度的拿捏把握，仍然需要学习，完全盲人摸象般的做法是不可取的。

从让人吃得满意这个角度来考察，即使菜品不变，也应尽量选择更好的菜盘。就如我们都希望在景色宜人的地方用餐一样。即使客观条件未必能完全如愿，至少得有这样的心得。就算在公寓楼里，也可以设法把自己的小餐厅布置得更有情趣。如此心思、心得正是使料理更美味的秘诀。不只关注吃本身，也要留意创造一个美的氛围。这种氛围会反过来作用于料理，使之更加美味。

说穿了，绘画、书法也不过是人们的一种高雅情趣，也属心灵的营养，在育人层面上也就是重要的精神食粮。

一说到料理，首先总会想到食品。其实食品之外的这些美术对人们也是不可或缺的养分，当然应该给予高度的重视。事实上，据说人在用餐时对于生理机能是有积极促进作用的。

某家妇女杂志的记者来找我，想让我就料理谈点儿什么，以此作为杂志的访谈报道。面对完全门外汉的记者，我该说什么呢？我说什么他也不会真懂，说了也没用。类似情况不少，常有人以工作需要来采访我，我不知道面对他们能说些什么，所以干脆什么也不说。我总是这样打发他们说："有关美味，你们这些写的人都未必能弄懂，写出来的报道读者又怎能明白？"

良宽①对一些餐饮店的料理、书法家所书写的和歌意境的批判，本人举双手赞同。可是，世人却全然不予理会。这只能理解为世人大多不愿就某件事较真。

万事皆有其缘。原本料理就存在缘分。

穷人总有穷人喜好的料理。只要协调相宜，便无可挑剔。

穷人若要涉足富人喜好的料理，则打破了自在的协调。

介于穷人和富人之间，中间阶层人群的料理总之应该出自穷人之手，所以，只有忍耐。忍耐不了也得忍。

富人其实也只能吃出自穷人之手的料理。总不能让贵妇人烟呛火燎自己下厨房吧。

像明治元勋井上侯或者艾森豪威尔那样，要么亲自下厨为来宾做，要么指挥做，制订菜单自不必说。这样的人一旦多起来，则贵族与贵族、富豪与富豪之间便能够更加密切交往。可事实上，没有哪个国家出

---

① 译者注：日本江户后期禅僧、和歌诗人。

现那样的景象。据说穷人只有做自己的阶层喜好的料理时才最有幸福感。换句话说，原本他们也不愿意尽干为人作嫁之事。

蔬菜必须新鲜。不要只去蔬果店买那些堆放很久的蔬菜，腿勤快点，多到附近的郊农家里去买，也许既新鲜又更便宜。

有人在厨房的桶里把菠菜一连放两天。菠菜可不是厨房的插花啊！

磨刀石用于给厨刀启刃。厨刀磨过之后若不注意保管，会马上生锈。就如吃大葱要扒皮一样，使用厨刀时一定要仔细检查，上面不能有铁锈。

比如说我们在烤鱼——

鱼是一种蛮有趣的动物，一直眼巴巴盯着看觉得老不熟，稍有旁骛便又很快可能烤焦。

有别人盯着，人做事一般会很快；失去监管，则很快产生惰性。

有一类人怎么也做不好料理。我知道这一类人，并给他们起名叫“懒汉”。

在糯米饼（日语读音为 MOCHI）家族中，也有一些词尾读音相同，但却无法食用不是食品的“假亲属”。

比如：YAKIMOCHI（可写“烧饼”，多引申为“醋意”）；

SHIRIMOCHI（可写“尻饼”，意思为“屁股着地”）；

TYOCHINMOCHI（可写“提灯持”，意思为“替别人宣传、吹嘘”）；

TORIMOCHI（可写“取持”，意思为“周旋、斡旋、牵线搭桥”等）。

有一种东西天生蒸不熟、煮不烂，也有一些食材给不得法的人一煮一烧反而无法下咽。就像有人经过化妆，可以把好端端一个美女变成妖怪一样。

当我们被邀请去进餐时，菜品一上桌，即可心怀期待地去品尝。如果客气推让，则招待一方的心和菜品一道会凉下去，吃到的便不再那么美味。而且，一般越是客气的家伙，一旦开动，吃得反而越多。

明明肚子饿了却装饱汉，已经饱了还叫着要再吃——这两种人都不值得给提供食品。

有人到了时间就去吃饭，这种做法不可取。应该是肚子空了才去摄取。吃着感觉不香，吃下去也很难形成营养。感到美味可口的东西必定有营养。

别担心，只要舌头在你就不会饿着。
可是，你得小心女人和你的胃。

“空着肚皮打不了仗”——这是古训。现在倒好，仗是不用再打了，却只留下大片百姓饥肠辘辘、无法糊口的悲剧。这样看来，那些吃什么都觉得索然无味的有钱人，他们的生活就是喜剧吗？未必。悲剧产生希望，喜剧淡漠希望。

一加一等于二。振臂呼喊“万岁”时，一加一便大于二。两个人一起呼喊时，其能量便不再是简单的数字叠加，气势效果要大许多。

食盐就有类似喊“万岁”口号一般的效用。不信你试着按计量比例，把放入一合①汤内的盐增加十倍放入一日升②的汤内，结果可想而知。看来，“凝聚力量大”这一原理不仅仅适用于我们人类。

教授料理时，常听到“盐几克、砂糖几克”这样准确的要求，叫我说既然那样，干脆就别再使用“大葱适当切碎，放一点胡椒”等的说法了。有人把这种“什么什么多少克”的料理法称为科学的文化人的生活。我以为真正科学的文化人，不是指“盐几克”，而是指掌握了科学生活态度、思想自由的人。

不是有人在做咖喱米饭时把碳酸粉和面粉弄反加进去的吗？而且，在食用时全然不觉者也大有人在。只是，但愿这样的烹饪失误正好发生在有胃病的人身上。

做菜时女性尤其需要戴上头巾把头护起来。原因是头屑、头发不能替代味精。

我们不妨把追求美食的饮食理念看做是对健康的投资吧。

日本料理就配日本最美的器具，这一点在茶道上已经实现。不过，当今日本料理更加丰富，也更具科学性，给我们的味觉嗜好也带来了变化。料理中使用的材料也深深打上了时代变迁的烙印。当今料理的堕落主要源自商业化的冲击。家庭料理的大幅衰减，从侧面反映出身心俱

---

① 译者注：日本容积计量单位，相当于一日升的十分之一，约180立方毫米。

② 译者注：日本容积计量单位，一日升约相当于1.8立升。

疲、处于亚健康状态者的不断增加。

料理最重要的事情莫过于识别材料的优劣。作为材料，只要选择到优质的鱼、蔬菜，料理自动的就变得简单。除非犯过分愚蠢之错，制作出美味的料理应该不是什么难事。

比如有了濑户内海的新鲜好鱼，就算偶尔厨师水平差一些，也还是能美味可口；蔬菜同理，拿京都的新鲜蔬菜来做料理，八九不离十保管好吃。可是，一旦产地不正宗，或鱼不新鲜、已变色略带了腥臭，这时，纵使请再高明的厨师，任他使出浑身解数加工烹制，也不会好吃；蔬菜同理，使用打蔫、不鲜嫩的原料，菜品无味无香，只能滥竽充数。看来，必须把材料放在第一位加以考虑。在认识选料重要性的同时，接下来便必须彻底掌握材料优劣的分辨能力。

培养分辨力需要相当的经验。没有经验的积累，材料摆在眼前也分不出好坏。必须重复那种是否可以称为“购物学”的购物辛苦。就像妇女同胞为买件和服所付出的辛苦一样。既看不出好坏，也吃不出优劣，那么你既没有做料理的资格，也就没有吃料理的资格。材料的好坏就像人的贤愚善恶一样。腐坏的鱼或反季节性缺少内油芬芳的鱼，可以比做灵魂丑陋或低能愚笨、玩世不恭的无良之徒，即使再高明的教育家苦口婆心、循循诱导，能够起到的效果也不会太大。

尤其是食物材料，一块鱼、一根萝卜，即使价格相同，品质差异也可能很大。只有在对品质进行确认之后才可以购买——养成这种习惯非常重要。正如常喝酒的男人都会对酒评头论足一般，只要用心仔细品味，料理的好坏大家也都能品评。这时须遵守一个一般性规律：便宜的多半质量不好；价高的总体上质量上乘。这一原理适用于任何商品、材料。不过，古玩行当低价收购到稀世珍宝的例子另当别论。

人人都会习惯性认为餐馆加工出来的饭菜比较美味。这是误解。当然，一般来说能开餐馆的应该都是烹饪的内行。可是，殊不知他们这些内行也是要受一定的条件制约的。首先便是要考虑价格。虽有奸商之嫌，但既然是生意，就不得不考虑成本这个第一要素。烹饪本身倒排在第二位。要说餐饮业有堕落之处原因就在这里。可是这也实属无奈。所以，那种认为凡花钱买的饭菜就一定美味的想法是不对的。而且，这种错误的想法也导致了家庭料理的衰减。

家庭内的料理、实质料理、一元料理，这些料理都不存在什么思虑，是一种本真的料理。也许它们不是专业料理，但却承载着一家人的和乐团圆，所以也是尽了最大努力、饱含真情真意的料理。无论酱汤抑或咸菜，都非常可口美味。可是，如此的真情料理却受当今盛行的简单主义、懒汉主义的逼迫，转而依赖了商业餐馆，致使家庭料理几近破灭。

传不习乎

一

过去的菜品极其简单，而如今的却相当复杂。可是，要问到底哪个更美味时，却是过去那种简单的占了上风。至少，当今料理越来越充斥着虚假这一点是不争的事实。何以见得呢？原因在于：过去的烹饪法虽然简朴，但材料却是实实在在的正经货。

有一次，某会馆举办海鲜料理开业典礼，开业当天，我也过去看了。老板是一位因在食品方面极尽奢华出了名的绅士，请的厨师长也相当了得，据说在法国一家有名的海鲜餐厅工作过七到十年。大家自然都给予相当的期待。

可是，一看摆在那里用做材料的鱼，条条都属二三等品。我惊讶得无以言表。

这时老板正好出来，对着总经理大声训诫道："所有菜品都必须好吃，味道高于一切。"既然对于食品非常讲究的这位绅士如此讲，其经营理念便不难想见。总之，他是打算给顾客提供料理的极品，才开办海鲜料理店的。

按理说，那位老板的确算是一位美食家，好菜品他是吃过的，他很清楚什么好吃，什么不好吃。摆的那些鱼，他也一定有过目。可是，遗憾的是他不懂鱼的好坏。或许他认为那种品质就可以，至少他认为通过厨师的精心调理，也能够做出一品料理。具体他是怎么想的，我就不得而知了。

但是，无论如何开业吉日特意摆出来给宾客们看的就是这种货品，我认为极不够格。不出所料，菜品的味道果然不敢恭维。

决定菜品成败的首先是材料。若材料好，即使厨师技艺稍逊，味道淡则淡、咸则咸，也是过得去的。

可是，从顾客这方面来看，轻信商家对厨师的包装宣传，很可能慕名而来，以为味道准错不了。我只能说，这些想法未免太过天真。菜品不管出自何处、出自谁手，材料不好，一切就都无从谈起 。

二

环顾当今餐饮业界，无论餐厅老板还是厨师，没有一位是称得上绅士的。这也雄辩地告诉我们：当今餐饮已经沦落到了何等地步！他们中大多数人甚至没有接受过普通国民教育，缺乏基本的教养，当然也不读书。说到风情趣味自然也无人能解。现在有心做些基础补偿教育吧，也觉得井中捞月，无从抓起。至少到现在仍然是这样一种情形。今后一段时期恐怕这种状况也不会有什么改变吧。这些人自己似乎根深蒂固地把餐饮业看得低人一等，他们的所作所为无一不体现出他们的这种观念。

就拿餐饮店的建筑来说吧，一看那建筑风格马上就能感受到他们所谓的“时尚”是何等低俗。如果真因为缺钱不得已想偷工减料那另当别论。可是，就算那些他们自认为费心思、花巨资、已经相当满意的建筑工程，其品位追求之低俗也令人惊叹。

何以如此呢？只缘他们不理解何为美的建筑，对建筑美一窍不通。用于装饰餐厅的字画也是如此。挂幅古画吧，是仿制品；现代画呢，又极失格调，风马牛不相及。如此审美品位，到了餐具也好不到哪儿去！

一句话，餐饮店的老板、经营者们往往缺乏艺术鉴赏力。其中自然存在出高价上当受骗买进假画后还蒙在鼓里偷着乐的家伙。

当然，这些和他们的做派也是吻合的。他们多数都有注重打扮赶时髦、摆谱要酷的低俗嗜好。一个大男人，却不惜在和服、木屐上花费重金，还自鸣得意。盘腿打坐时，尤其喜欢把自己高档的和服里子、长内衣的袖子露出来炫耀。如此这样，举手投足，可谓愚蠢可笑至极。工作之余，吃喝嫖赌玩赛马。如此人生态度，他们的烹饪技术可想而知。放弃料理的根本，转而追求他们所谓的“新潮料理”、“时尚料理”或“虚假料理”，也属必然。

前些天三越[1]举办过一次料理展览会。我慕名前往，目的是参观学习。结果一句话：真可谓“丑陋”大比拼。当然，组织、参与展会的人员都非常辛苦、敬业。但他们辛苦、敬业所展示出来的成果却正好表明了他们的无知。他们没有一个人坚持遵循物之本理，返璞归真，在真心做菜。对了，专心于烹饪技术技巧的人倒是有的。所以，我只能说他们那些所谓的“本事”无异于小儿科游戏。说是小儿科游戏还要算是好的，因为其中有不少人在玩坏把戏。看到他们竟然以玩坏把戏为特长时，我才意识到，现如今的人们大都拥有方方面面的无良智慧了。就在这个展览会的上一层六楼，当时正好有一个木雕、水彩画等的展会。那里的确不愧是美术专家出入的场所，比楼下的料理展会的艺术氛围要浓厚许多。可是，仔细查看其作品内容后，我不得不说，其低俗的程度和料理展会毫无二致。雕刻出来的观音菩萨，完全一副艺妓的模样；福神惠比寿也变成了单口相声演员手中“百面相”的面具。总之，完全没有表现出我们脑海中他们本来应有的模样。如果单论雕刻技术，他们的确是进步了。可是作品内容水平的低下和料理展会如出一辙。这么看来，原来他们这些人在价值取向上是一致的，只是一些人有机会学了烹

① 译者注：大型购物中心。

饪，一些人有缘学了雕刻或水彩画，仅仅分工不同罢了。说到底是缺少真正敬业的人！

可是，如果要问他们为什么那样低能，我认为，总而言之，他们对于烹饪的材料、木雕的概念、水彩画的真意缺乏足够的理解。即使能够灵巧勾画轮廓，也无法完全抓住本体。因为他们不知道他们所从事行业的本体为何物。一言以蔽之，缺少天赋、缺乏诚实的态度。不过，千万别因为我这么刻薄，就以为这世上不会有人欣赏他们。恰恰相反，欣赏者、赞美者比比皆是。能用白萝卜雕出松鹤、寿司的颜色搭配出众等手段本领都可会聚人气。再说那些木雕、水彩画，照样也有人购买。可是，平心而论，那些作品实在无法赞美。因此，也不值得购买。制作者低能，欣赏并购买者也不高明，正可谓“惺惺相惜”，半斤八两啊！

三

世上文人不少。不过，任凭他们妙笔生花，也没有人对帝展①的新派绘画作任何评论。他们不具备这个能力。当然，这种情况也许古亦如此。毕竟，文人中百分之九十九也许都属庸俗卑微之辈。

可是，随着年代的演变，何以欺诈日盛、堕落渐生呢？总之，越来越不正经、越来越缺少认真劲——这一点是既成事实。造成这种局面的原因颇多，社会、经济方面也有责任。

就料理而言，和烹饪过程的欺诈行为相伴而生，材料本身也变得虚假、不可靠。

比如说牛肉。对牛肉进行研究是好事，但他们研究的目的却不在于如何使牛肉更具特色，而集中在如何改变牛肉颜色等外观方面。再拿鸡肉来看。原本鸡肉就应该保留其本味，可现在却本末倒置，只强调肉嫩，以把鸡肉做嫩为能耐。还有另外一个经济方面的原因更可怕。追求

① 译者注：由帝国美术院举办的展览会。

利润，认为成本越小越好。结果可想而知，假冒伪劣仿制品粉墨登场，价格自然比真品是便宜了，可是鸡肉没有鸡肉味，是假冒的，这又怎么称得上便宜呢（实际上反倒是贵了）。这样一来，烹饪时的选材就变得越来越难。不过，一般人买了仿制品后大多会采取息事宁人的态度。恐怕原因首先在于大家不识何为真货；即便识货，也在多次被骗中逐渐习以为常，不再大惊小怪。就这样，虚假泛滥，真品渐渐不为人知，好东西越来越少。这不能不说是件大憾事！

四

近来，帝室博物馆[1]开始热心钻研，接连更换陈列品，不断把有价值的东西展示出来。按理说，踊跃前往、先睹为快的应该是画家、雕刻家等艺术家们的选择。可实际前往的艺术家却少之又少。我以为，果真是艺术家的话，不去先睹为快是会寝食难安的。事实上，他们并不去看。为什么呢？因为他们去了也没意思，不会产生任何感慨与兴致。为什么不会产生兴致呢？因为他们缺少鉴赏那种真正艺术品的审美眼光，看也看不懂。我们硬拽他前去看也毫无意义。成名成家的人尚且如此，他们的弟子们自然也不会去看。我的意思是：不会在老师提醒之下前往观看（当然，自己主动去看的人另当别论）。可是，稍早之前举办的帝展会情况如何呢？完全两重天，大家可谓蜂拥而至！我真纳闷：难道他们真乐于观赏无聊低级的作品？其实也不尽然，因为帝展会关乎饭碗，所以他们才争先前往。真正能打动心灵的博物馆，艺术家们则去者寥寥，倒是业余艺术爱好者常去。

五

此风气到了烹饪界更是变本加厉，一发而不可收。可是，仔细想

---

① 译者注：国立博物馆的前身，1947 年更名为国立博物馆。

来，又岂止是烹饪界呢。正月里家家户户都插花，为的是把自然之美搬到室内，享受自然之情趣。可是，你只要想想如今教授插花的先生们的样子，便不难发现，这里用来批评烹饪界同人的话对他们也完全适用。其风貌、其言谈，实在无法令人恭维。由此，也便可以推察他们对于花卉的玩赏态度。即使懂得花卉自身之美，也不解花卉的自然情趣。真正所谓懂行，那么对于花瓶、盛放花卉的器具的甄选也应该有一定见识。可是，看看他们所选之物，尽是些与插花艺术格格不入、糟蹋花卉之美的东西！更有甚者，有时甚至不知他们是想让观赏者欣赏插花艺术还是花瓶本身？能不让人寒心吗！可是，于这些插花先生们，自然情趣这类玩意儿似乎和他们没有丝毫关系。

寿司名人

“二战”后东京寿司店之繁盛非同小可，到如今店铺的总数足足能有以前的十倍之多！也难怪，寿司使鱼和米饭[1]能够一起享用，正可谓赶上了时代流行的大潮。可是，真正能吃的寿司店又有几家呢？少之又少。原因大致有两方面：首先，寿司店店主对料理的理解不够；其次，压缩成本，想以低价争取顾客，结果导致了寿司变味。

眼下单是新桥附近就有上百家寿司店吧。要在这里选，当推久负盛名的“新富”的弟子开的“新富分店”、“久兵卫”和“下”这些被尊为寿司先人之辈开的店。还有一家由安田靫彦[2]先生题写招牌的店，但店主似乎不是艺术家，整体难以得到本人赞赏。

寿司能否好吃，说到底取决于海鲜产品的优劣。首先，没有上好的金枪鱼辅助，便不叫完整的寿司。其次，正宗传统的康吉鳗的烹饪技巧是否选用了检见川产的个头大小适中的赤贝等，这些都会直接影响寿司的品质。总之，没有好材料，便做不出好寿司。自然，紫菜也得选优质的。厚紫菜容易卷，但品质一般都差。所以就需要寻找质地既厚品质又

---

① 译者注：日本人最不可缺的两样食品。

② 译者注：日本画家，文化勋章获得者。

好的原料。大米首推福岛一带所产，产于新潟的也可。难点在于米饭的蒸煮方法，即对软硬度的把握。醋以米醋为首选，以给米饭上三分色的食醋为佳。注意，关西寿司常用的白醋不好。至于米饭的调味，京都的传统是给米饭里加海带、白砂糖等；这不符合东京基本只放盐、米醋的工艺。另外，寿司个头越大越显廉价，既不入流，也不上档次。相反，形小才显品位。品位才是美食家的至尊至爱。

吃寿司配姜片虽是传统搭配，但依然有犯难之处。原因在于姜片的腌制。尽管有人也使用甘醋，但其东京风味不够。凡此种种，真难想象哪一家寿司店能把这些细枝末节的东西悉数考虑周全。不过，刚才列举的三四家名店中就有。可是，有长必有短。名店一味追求品位也有其局限。因为真正能够有如此高要求的美食家没几个人，顾客中自然也就更少了。毕竟，生意兴隆才应该是开店的最高目标！

那些自称或被人称为“寿司通”的人其实大多也是一些务实的一知半解者。据说也正是因为这个原因，寿司店才可以喘息存续。

换个角度，也就是说寿司的味道到底是由谁在做主的问题。是寿司店还是顾客？一般来看，高档次的顾客去高档店，普通的顾客去大众店，各家店档次不同，也都有自己相应的顾客人群。店主和顾客的决定权似乎五五对开，各占一半。

近年来寿司店也在进步。像“久兵卫”那样的老字号，听说也请鲇川义介翁做顾问，在筹划建设具有现代化气息的店面。重整旗鼓的“新富寿司”本店也推陈出新，以适应更多的顾客，也显示了寿司王国的雄心。随着时代的发展变迁，老店不断调整规模机制，全面优化改良。不过，似乎依然不可能一下子面对大众。这也是由其固定的客源所决定的。

下面就把各家寿司店老板的寿司理念一一拿出来在砧板上晒一晒。

“二战”结束后，黑市米行的女商贩一度活跃，她们不惧查禁，每天都会进入东京，巧妙周旋，兜售大米。销售对象便是带餐饮店的旅馆的寿司店。以寿司店为目标，来自新潟、福岛、秋田等地的行商更是频繁出入。似乎东京翘首以盼的心理被那些黑市商贩看得一清二楚。不管开寿司店还是其他餐饮店，只要给肩挑商打声招呼，保证大米供应是绝对不成问题的。

这就是当时的大都会东京，一眼望去，似乎每条街巷都开满了寿司店，一家挨一家。雨后春笋都很难形容其繁茂景象。然而，当你要找一家好的、真正意义上的寿司店却不容易。当然，我们也不需要挨家挨个去吃，只需在大街上走走，侧目打量左右，便可大致目测出上、中、下三等。当然，这种眼光的养成也是品尝无数、付了一大笔餐费才换来的。聪明的食客除了去得到美食家好评的名店，别无捷径。话虽如此，对于二三十岁的年轻人，哪有心思去管醋的用量是多是少、金枪鱼是否正宗之类。他们大多不论好歹，什么都能接受，只要能吃饱，便十分满足，根本无暇给寿司店打分评级。开始品评寿司，你就会发现零花钱像插了翅膀，花得飞快。不觉年纪已跨过四十大关，终于才能尝出个子丑寅卯。

“米饭少点”、“芥末冲点”、“金枪鱼片要腹部居中的部分”，听到这样的点单要求，不过是近来的事。要在过去，哪怕只有一壶热茶，他们也会津津有味地吃起寿司。不过，毕竟世道不同了，如今的一代，在喝啤酒、清酒时，把寿司当成了下酒菜。真可谓是寿司吃法上的一次革命。也许原因在于“二战”后寿司由过去的习惯立食，变成开始坐在椅子上享用之故吧。随着这一倾向的增强，高档寿司店也主动应变，为避免过早填饱顾客肚皮，配合饮酒，改进工艺，推出小型寿司，终于走出一条自成一派的新型的寿司经营之道。还有一个新趋势，女性开始喜欢吃寿司，立食、坐食等习惯都有，且势头迅猛。和男性一样，她们一到店里便大模大样地“我要腹前部的①”，“不，我要赤贝的”、“我要

① 译者注：指金枪鱼该部位所做生鱼片的寿司饭。

海胆的”，口气之大方随意，常令人喷饭。我不禁感慨，在吃寿司方面，男女平等来得可真快啊！

在一头“岛田发式”① 的江户初期，还很不风光的女性，现如今嘴抹口红，手涂指甲油，脚蹬高跟鞋，堂而皇之地加入到“寿司通”之列，扩展着自己的势力。这是过去根本无法想象的情形。照这种势头，难保哪一天不会出现诸如番茄寿司、牛肉寿司、三明治寿司、炸猪排寿司等千奇百怪的创意；届时，曾经引以为自豪、具有江户风味的“侠客寿司店”等该不会绝迹吧。现如今米饭、面包已经同时摆上了餐桌，谁又能打包票不会出现“三明治寿司”之类呢。在战后十年左右，一说到京桥、日本桥一带引人入胜之处，便少不了那些极其挑剔的寿司店老板和同样挑剔的顾客。当时，在新桥车站附近，一位来自嵯峨野的料理师，以超常的胆略，打出“千成”商号，开始了他自己的寿司经营，服务对象是普通老百姓。事业很快成长壮大，成为拥有十多名厨师的大寿司店，大量加工制作三流寿司。“千成”模仿超市的做法建立寿司食堂，摆进大量桌椅，寿司按分量盛放一盘，明码标价，对外发售。目的完全是为了降低成本，服务大众。结果，一炮打响。这样的寿司店一下传播开去，很快，整个东京寿司食堂泛滥。“江户风味寿司”招牌的自豪感从此也便黯然失色。

那么，真正地道的寿司有何特色呢？真正的寿司自然首先必须是品质一流。非常遗憾，大众能够吃到的那种不在此列。今天，七八块所谓的寿司堆满一盘，店门口竖起的牌子上却仅仅只标五十或八十日元。我接下来要和大家探讨的寿司不包含这种寿司赝品，我说的寿司一个就可能卖到五十甚至一百日元。

当然，在众多的仿制寿司中，也不排除一些有良知的商家用真心做出来的好寿司。盛夏酷暑中，每当我不知该吃什么而犯难的时候，便会

---

① 译者注：日本年轻女性发式之一，因起源于岛田娱乐界女性而得名。

想到它。于是不避炎热，每天都会从大船到新桥去走一趟。上好的金枪鱼的确比最好的神户牛肉、最好的鳝鱼要贵好多倍，但只要吃上一口，你一定会发现它物有所值。这应该已经是被大家普遍认同的事实。人们应该出于对健康的投资，在炎热的盛夏里摄取一流的金枪鱼。可是，事实上，常备一流金枪鱼能随时提供给美食家的寿司店极其少见。对顾客而言，寻找金枪鱼的上等品店也颇费工夫。

优质寿司同样取决于材料：

一、最上等的大米（新潟、福岛、秋田一带所产小颗粒米）；

二、最上等的醋（爱知红醋、米醋）；

三、最上等的鳞介类，大致为市场价格最高的那一类；

四、最上等的紫菜（用品质良好的薄紫菜加工制厚的那种）；

五、最上等的生姜（品质良好的老姜，新姜不行）。

只要备齐以上材料，便可加工制作优质寿司。可是，遗憾的是，一般寿司店在这最初的关键环节上便掉了链子。

看看东京（京都和大阪也同样）的寿司店招牌，没有一家不大书特书“江户风味”几个大字的。看来江户风味的确富于魅力，受人关注。其中的原因恐怕是人们拿它和因循守旧、缺少生机的京都寿司作比较的结果。之所以大写特写“江户风味”，是为了彰显东京寿司与京都寿司的不同。东京的明显好吃，希望借此吸引更多食客。总而言之，东京风味寿司在整个日本都有名。

东京寿司和京都寿司的不同表现在材料、调味及加工技法三个方面。显然，首当其冲的特色便是东京寿司具有生机和活力。调理法简单明快，当着客人的面把生鲜的材料进行加工，让客人在赞羡声中享用料理。第二个特色是，虽然金枪鱼脂肪肥厚，但却能让顾客在食用寿司之后口内不留存半点油腻，从而使金枪鱼为东京寿司真正起到锦上添花的作用。近来出现的京阪（京都与大阪）地区风格的盒装寿司，在京都各处流行。不过总体上依然是传统寿司的老方法，缺乏创意。对于一向追求时尚的地道东京人缺乏吸引力。对此，我当然不会惊讶。毕竟，东京人和京都人有所不同。

可是，现在到处都在刮“江户风”，这种一窝蜂式的模仿令东京风味寿司处境尴尬。对于那种胡乱竖一块“江户风味寿司”的牌子、不负责任的行径，应予以谴责。总之，东京寿司完全压制了京阪地区的盒装寿司。这一事实表明，寿司消费者打败了经营者。后者对此自然懊恼不已，认为凭借他们“京阪寿司名店联盟”一定能征服这个小小饭团。于是重整旗鼓，一意孤行研究加工出如今在京阪地区到处可见的大广告牌上的“新型寿司”，那架势如同宣告“新型寿司，唯我独尊”。可惜完全不受关注。因为所谓京阪新寿司毕竟属于照葫芦画瓢式的滑稽模仿，其中既没有上好的金枪鱼，也没有其他替代的鱼类。这是他们失败的主因。可惜他们全然不知。

我因为出生于京都，京阪地区的美味佳肴自然知道。就算我对故乡有再大的偏爱，面对“江户风味寿司”这样给人震撼的美味，我也不得不甘拜下风。话虽如此，并不代表现在东京大街上以“江户风味寿司”为营生的寿司店都好吃。凡事不具体分析、一概而论总是不合适的。

和寿司一样，鳗鱼也属东京名品中的名品，但如今却很难自称日本第一了。不过，每每听到关西鳗鱼店的厨师贬损“东京的鳗鱼蒸过后再烧，像干渣般无味”时，总是无法接受。他们的评论根本没有基于味觉本质之上，倒像是一种损人利己、不负责任的指责埋怨，称不上评论。充其量只能算是一些不思进取、卑屈可怜、身为鳗鱼店厨师却未必懂鳗鱼的反面教材。

说到东京的鳗鱼，大阪的“原始烧”应当无条件俯首称臣才对。可是，正好相反，似乎他们还以自己的“原始烧”为自豪呢。“原始烧”实在是一种令人啼笑皆非的陋习，应该早日得到纠正。再者，居然拿人工养殖的鳗鱼来进行评论，应该说愚蠢至极！

无论寿司、鳗鱼，能否成为一流菜品都取决于食材的优劣。

使用优等材料的寿司，贵是当然的。高价的东西自然有其理由。不明原由，只埋怨价高的做法是不明智的。高价寿司必然有其高价的道理。也可以说，寿司的价格其实是由懂行的客人定出来的。店的格调、餐具、卫生设备、原材料，还有厨工、女服务生等的选择聘用是否都以最好为标准，是否舍得投入资金的创业姿态是决定寿司味道好坏、价格高低的分界点。

然而，真要按此标准在新桥一带寻找高档寿司美食店，到底能有几家呢？当然，如果考察那些依然保持传统立食习惯的店，倒是有好几家。其余大部分属于挂羊头卖狗肉的一类。尤其是近来流行的那种在玻璃柜里把材料堆积如山，等待客人光顾的店面，大多很难归入一流。

以新桥一带为例，一句话，符合我之味趣者不过两三家。其中就有近来才重整旗鼓的“新富本店”及“二战”后不久便开业的“新富分店”。这家总店过去曾以卓尔不凡的气度赢得名人寿司的辉煌。但最终未能摆脱为盛名所累、盛极而衰的宿命，逐渐丧失活力走向灭迹。

之后，其分店建立，店主阿弥刚刚四十，年富力强且技艺高超，终于重新得到大家的认可。如前所述，虽然总店已无昔日风采，但凭借分店阿弥独到的手艺，如今在新桥一带独领风骚，首屈一指，不愧继承了老店衣钵。虽然分店寿司的味道无可挑剔，却因为采用老式的立食方式经营，店面狭小，设备简陋，不适合绅士新贵光顾。仅仅能让顾客一饱口福。

和总店老爹的爵士调相反，分店阿弥走乡村音乐路线。乍一看完全一种养子气质：内向少言、低调老实。他每天早早出门去鱼市，一回来便马上投入准备工作。到米饭蒸好，开张迎客需要很长时间。能赶上正午开张是极少有的，一般都要到下午两点才能准备停当。厨工、服务小女生一个人都没有雇；因照顾孩子等，他的妻子来帮忙也是两三点以后的事。即使来了，也只是端水倒茶，能帮的事非常有限。从前到后完全是阿弥一个人的独角戏！

常言道，有一利必有一害。这种完全的独角戏，使得他的寿司从个性特点来看无可挑剔，但因为人手不足，难免顾此失彼，结果导致米饭——这个寿司十分关键的环节——出现问题。我不知给他提醒过多少次，可他至今依然未能彻底纠正。真是要命！

还有一家在西银座拥有宽敞气派店面的“久兵卫”。这家寿司店的店主是位难得的人物。常常让人觉得他做一家寿司店店主有些大材小用。因为从小就被当做寿司店的继承者加以培养，所以成为业界的佼佼者。如果有机会让他去读大学，那么，甭说局长、副官之类，也许甚至大臣级别的官职他也能够胜任。一句话，他是个久经磨炼、聪明能干的人物！他那刚强威武、气宇轩昂的气度，活脱脱一位当代的一心太助①。这位仁兄如果性格软弱，那么，也许他早已甘拜下风，便做不出好寿司了。就因为他的性格魅力，早早得到很难与别人相处的鲇川义介先生的肯定，战时，尤其是战后，得到了鲇川先生的很大关照。

他的店面一扫过去的传统模式，完全一派现代建筑的新风格，令人眼前一亮，也足以表明其高档寿司的身份。不过，仅仅在门面上挂了块“久兵卫”的牌子，没有其他任何表明其寿司店的标志，加上建筑风格的原因，不熟悉的人恐怕不会贸然进入。这样，会让许多新顾客因瞬间狐疑而白白流失。也正因为这一点，店内的顾客群便不同于普通寿司店高、中、低三档都有的情况。——这正是其特色。

他的顾客至少也是消费群中的中档，不分白天晚上源源不断地涌来，生意好不兴隆！也许把东京所有寿司店排查一遍，再没有哪家能会聚到“久兵卫”如此之多的社会名流。且不说寿司本身好吃，可以说许多人是慕名而来，是受“久兵卫”的人格魅力吸引，被他本人的聪明洒脱迷倒而来用餐的，这么讲一点也不为过。

① 译者注：日本文艺作品中富有侠义之心的鱼店老板。

设施完备，店主风趣有魅力。但如果从专业角度来考察，他做的寿司到底如何呢？这是我一直以来想探究的话题。我的结论是："久兵卫"的寿司的确一流，无可挑剔；不过，和"新富分店"相比，却很难讲没有逊色之处。

材料，主要从海鲜类的鉴别来看，阿弥稍微占优。不过，米饭蒸煮方面显然"久兵卫"更好。紫菜的选用也是。阿弥鉴别鱼类的眼力令人佩服，但在紫菜选料和米饭蒸煮方面略逊于"久兵卫"。原因在于阿弥原本是在大阪、京都长大，不擅识别紫菜，可谓美中不足。就醋的使用看，双方不相上下，没有大的差别。若从量的控制看，我更偏向只用红醋的阿弥。

如果非要在两店之间分出伯仲，则要看那举足轻重的金枪鱼了。这可是阿弥的绝对强项。不过阿弥在米饭的手抓技法上略有缺憾，太让人替他痛惜。"久兵卫"作为高档寿司无可挑剔，手抓力度恰到好处，很有特色，适合做下酒菜。他若能在金枪鱼的选料上更加细密，在鱼片切法上加以改进，比现在的再加厚一倍，则将天下无敌！

"久兵卫"有自己的寿司理念。在他的理念中，金枪鱼不能过于切大、切厚已经根深蒂固。这和他个人的大气度截然相反，在鱼片切法上却显出小气。显然，这源于他青少年时期生活过的三筋寿司店。这个三筋寿司店过去是给宫内省①等提供外卖的大寿司店，多则一次好几百人份。与其说是名人手艺，倒不如说是生意，是寿司事业的成功者。"久兵卫"就是在这样的环境里成长起来的。如果说他有名人手艺，也是在特殊环境里潜移默化习得的，并非师傅专意传授。因此，鱼片尽量切薄的陋习才在他身上延续至今。

大凡先入之见是挺可怕的东西，无论是谁一旦拥有则很不容易赶走。有一次，一位坐在寿司台前的顾客对他说"拜托鱼片切厚点儿

---

① 译者注：日本旧官僚体系中涉及皇室、皇族、贵族事务的官厅。

吧”，他马上回应道“可这是在吃寿司啊”。这一来一往的场面正好被坐在邻桌的我听到。最终他没有改变自己。或许在他的观念中，用以配寿司的金枪鱼怎么能随便切厚呢？颇有意思。

在这一点上，新富分店阿弥也许师从总店，得到名人真传，金枪鱼的切片方法正得要领。

二战后那一阵，有时整个码头一天也只能提供两三只金枪鱼。当其他店只能望鱼兴叹时，新富分店却一定有货。这是其他寿司店无法企及的。说到金枪鱼，总而言之，“久兵卫”也无法和阿弥相抗衡。作为现实生活中的鱼老板一心太助，真不知“久兵卫”对个中缘由作何感想。

不过，寿司一定是建立在好米饭的基础之上的。蒸煮米饭时，如果水量把控出问题，结果可想而知。无论鳗鱼店、寿司店均视米饭为生命。如果米饭加工出了问题，寿司将不复存在。想要蒸好米饭、做好寿司，一个人是不够的。每天早上从码头挑选回来的鱼、鳗、贝等，处理起来大都很费工夫。完全由一个人承担怎么说也办不到。寿司店其实是需要做大量准备工作的。像新富阿弥那样一个人都不雇不请，其难处可想而知。如今他的米饭蒸不到位，真让人替他焦虑啊！

没有一个帮厨，连个跑腿的小服务员也不用，老婆来帮忙也不大乐于接受。这样下去，工作、事业不会有成长的。那么精湛的手艺，照这样下去该多可惜啊！撇开个人志趣，单说凭借自己的手艺如果能让更多的人感到幸福、愉悦，又何乐而不为呢！我认为，阿弥的事业无论如何都应该扩展才对。

从这个层面上讲，“久兵卫”完全不同。人们被他豁达爽朗的性格感染吸引，上百次地光顾他的店。作为寿司店店主，“久兵卫”可谓魅力之星。寿司之魅力即其人之魅力。

令人焦虑的是新富阿弥，他似乎陷入自我禁锢，过分小心仔细。以如此方式却做出了极品寿司，令人饶有兴趣。同时，像“久兵卫”那样气度堂堂之人却未必做得出极品寿司，这也令我们疑惑。低调柔弱之人做出了无与伦比的大作品，让大气豪爽的“久兵卫”无法比肩，之所以这样，究其根源便在于两人生长、受教育的环境之不同吧。

如今这样把寿司当成下酒菜的吃法是战后才有的。战前是就茶而用的。导致这一现象的根源背景应该是寿司店增设椅子造成的。

没有椅子就只能像过去那样站立而食。现在即便是传统立食店，也添置了椅子。一有椅子坐，便想喝酒。这是因为二战刚结束时料理店受到各种限制，时令菜肴相当昂贵，于是喝酒者便想到用寿司当下酒菜，正好也能兼顾主食。

既能吃到各种各样的鱼，也能吃到上好的米饭，作为菜肴可谓称心如意。就算你去高档餐厅也未必就能点到自己喜欢的菜品，但在寿司店，却能吃到金枪鱼、红贝等各种各样的菜品，能感受到餐饮的自在满足，因此更加弥足珍贵。不过，依我看，与其继续称其为寿司店，倒不如改称“自在料理屋”更合适。看来，和传统风格完全不同的新型日本料理就此诞生了！

古风九谷烧菖蒲纹葵花形盘

茶美与生活

新年刚过，便向茶艺开炮，颇不吉利，也预感到会招来猛烈的炮火还击。但实在抵不住对茶道艺术的热爱，终于忍不住投下如此“爆言”，万望各位念此予以海涵。

茶艺师一向看重做派，讲究方法。既然向他们发战书，本人则不得不加以思考：态度卑屈要不得，婉约迂回也得适度，索性就讲我那率真的大实话。对，开门见山不失为一种坦诚。转念又担心直抒胸怀，亮明观点，这文章的效果是否出得来……凡此种种。嗨，怎么竟为此等细枝末节瞻前顾后，我还是我吗？——意念至此，我知道自己进入了状态。

显而易见，直言他人长短，任凭你留十二分心，也难免引发不愉快，只是程度大小不同而已。本人绝非自以为是，也非对同人横挑鼻子竖挑眼。缘此，面对回击也做好了有则改之的心理准备。

说及我那率真的大实话，由不得不推心置腹，和盘托出。话及一个基本观点：每个人都是在懵懂更事之后方得以识茶师，品茶艺，以此为基点旁及其他，不断经营、享受自己的日常生活——一切都和每个人的这一营生技巧优劣相关，取决于他的成功度。取决于这一不亚于任何其他兴趣爱好的营生技巧是否成功，是否持久！

三四百年前，知性、品味俱佳，情操高尚的古人倾苦心与爱心浇灌培育起来、贯穿着智慧之美的茶道艺术，如今几近乌烟瘴气，能不叫人揪心吗？

坦率直言，如今的茶艺仅只保留了茶道真谛的极少一部分，恰似残火独苗飘摇于风雨之中。记得前些年在金泽市，面对众多“茶道家”（我不知道这一称谓是否合适）作演讲，我说过下面的话，当时甚至被登载上报，引发热议。

“概观今人所作茶艺，其平淡无味令人惊叹。结果，在有意无意中愚弄、束缚了人的自由。”——我半开玩笑地讲出了平日所感。就是这样一句既非告诫又非揶揄的嚼舌之词，竟然平地起波澜，一石激起千层浪。当然，我的话不止这一句，还有接下来这段极品。终于引爆现场一片哗然，留下了一次不成熟的演讲先例。

“今后之茶品，一旦普及到无产者中间，和吾人过去所学所闻古人倾心从事之茶艺将不可同日而语，甚或连照葫芦画瓢式的模仿都无法实现。自然也就无法品味。从茶艺行家的立场考虑，这实在是件令人惋惜的现象。可是，贫富差距带来的高雅茶器流向如今已成定局。真正的茶艺师在逐渐远离只有富人才能拥有的一件件名贵茶器、茶艺道具，只能通过那遥远的传说去想象。而且，不难想见，这一局面在今后很长时期应该仍会维持不变……

基于这样的现实，看来今后的专家们只能站在遥不可及的地方去品谈古人那心高味醇的茶香了。”

我话音未落，听众中间“反对”、“反对”之声四起，有人甚至反应激烈。我不得不极尽辩白之能事，阐明本意。为了赢得对方认同理解，竟费了九牛二虎之力。

有人自始至终都无法添置一套真正名贵像样的茶具。相反，有人得天独厚，能够始终坚守茶道细节的所有传统。很显然，这两类人的交往缺少缘分基础。这一点，我想务必请各位给予理解，有所认识。

令茶艺师梦寐以求的所谓顶级茶具，首先指由3世纪前的古人所做的那一类。无论制作者为何人大都归为极品。即使外行所制茶勺、茶碗、竹制花筒之类，到今天大约也极其珍贵。之所以这样，是因为它们都具有美术价值、艺术价值，散发着茶道的魅力。

正是这类极品，让识货的行家看着无法自控，野心勃勃，心潮澎湃，心底涌上一股强烈的占有欲。一旦它们流入拍卖市场，总会落入该拥有者之手。就算无产者中间有多高明的慧眼之士、风雅之人，又有何用呢（老天爷也不会眷顾的）！

当然，偶尔也会有令人一惊的珍品流落民间。常听小道消息风传某某在废品店淘到稀世珍品。因此，在茶器、茶具业界，大人物出现在杂货铺且眼睛放光的奇景也是常有的事。

茶道器具店聚集的街巷，常常热闹非凡，这主要还得益于下面一类人群的存在：他们不在意自己钱袋干瘪，仅仅因为自己拥有识货的慧眼。可是，这些所谓的“眼力派”到头来依然沦落为便宜货的收购者，把自己一生的喜悦全押在一件可疑的茶碗上，转而剑走偏锋，打起歪主意的例子不在少数。此话到此打住。总之，现如今一件茶具动辄几万、几十万，看样子无产者不得不从此行当抽身诀别。

北大路鲁山人制作：铁色纹绘制茶杯

茶，无论如何都得配以名贵字画、高档器具才能相映成趣，否则便不成茶道。基于我这一贯的观点，看来茶之道场并非无产者涉足之地。

在茶之世界里探寻古人心气，以茶道培养情操、切磋茶技。要想使自己成为内涵深厚之人，则必须有心理准备：进入一所由茶道专业机构创办的美术综合大学，花毕生精力去钻研。这样一来，单是教学器材、教具资料就不好解决。首先，那些名贵的字画、茶道器具等等就得搬进教室。原因在于，这些教具本身就是教授茶道的先生。如果说有一所茶道学校既无名贵茶具也无名贵字画，也许就相当于一所餐饮烹饪学校在教授学生如何解渴时，却只能提供一杯饮料。茶叶相同，但提供的却无非是咖啡化了的“茶”，抑或是红茶新饮料罢了。看来茶道精神与茶道趣味原本相去甚远。一直喝咖啡、红茶的人忽发奇想，也想来模仿一把茶道的做派，又有谁会去买他的账呢？

尽管如此，茶饮文化却依然达到全盛，流行至今。原因首先可以归“功”于对茶不求甚解，只知一味倾心于沏茶的人们的错觉。同时，那些如同江湖艺人的职业茶艺师，对引发这一错觉负有不可推卸的责任。另一方面，良心缺失的职业茶人、如同江湖艺人一般的各种流派宗师层出不穷，多如牛毛，这些人内外串通，官商勾结，争相加入茶艺行当，牟取利益，一时形成风潮——这也是原因之一。

现如今依旧有众多的职业茶人存在。也许不再会有人强求他们为自己削个好茶勺、做个竹花筒，寄望他们能挥笔泼墨，但至少能鉴别出古字画的真伪、茶具品质的优劣吧。遇有索求，也会顺理成章，以茶艺师的脱俗笔致，在你的收藏品盒子上题写个落款之类的。

刚刚提说到茶艺师脱俗的笔致，是指在书法上有极高造诣的人或者深悟茶道精髓、对茶师之书法能够产生共鸣之人，二者都可谓达到极高境界，眼力通慧。这里面当然不包括那些伪茶师、未悟道者之类。

比如，我以为千利休之字就未达宗旦的悟境；宗旦之字更近茶之道。

反观近人之字，看似玄奥，却缺少茶之神，满身俗世气息。如此聪颖，却缺少脱俗气质，令人扼腕叹息。一味忌惮拙劣，则万难成就名人之艺。这也是我的观点。

现仍健在者中，我认识两位特嗜茶事、专意推敲茶之教谕的茶师：一位是松永安左卫门，一位是小林一三。前者之字，既有天分，又有茶香，一应俱全。后者虽是位博学多识者，但从其字判断，他悟道较浅。字之关键，似乎便在于这能否悟道之间。

笔走至此，顺带也评说评说以下几位茶师之字。钝翁、本牧、青山等作为非职业茶师的佼佼者，看他们写的字，都给人一种半茶半咖啡、骑墙派的感觉，未能及达人之境。古美术品、名器名字画堆满家中的著名茶师尚且如此，不难想见，像那种打算撇开名贵器具而谈论茶道的做法，与我的想法差距之大、距离之远不可谓不甚矣！而且我在此附带申明：本人是一位不问贵贱，能够真正一心向茶、一意入茶的评论者。

心里越是忌惮别人会如何看，我便越是焦急。揪住浸泡在茶艺世界里的同人，总想催其奋进，提升审美意识。之所以这么做，是希望各位同人能够以综合的审美情趣在古代茶艺领域有新发现，并围绕这一中心不断钻研学习。

排斥传统的茶艺审美观，则茶道将被釜底抽薪，全盘崩溃，彻底丧失存在的意义，成为一种卑俗文化。一想到那风雅的茶艺术被歪曲乱解，变得俗臭难当，便似世界末日来临，有谁会不扼腕痛惜呢？像这样，尽管可能被视为带有迷信色彩，当你在茶道道场废墟上看到一群清纯可爱的少女，起舞诵经，祈求茶神保佑煮茶一帆风顺时，我们难免不会产生同情、恻隐之心。

和茶艺活动相关，做茶事必不可少的物器大致有房屋、庭院、书画及茶器、茶具之类。这其中任何一项都把三百年前所形成的美术思想视若生命，奉为瑰宝。通过对这些方面的研究，争取透彻理解、洞察古人本意，终会发现原来我们可向古人学习之处颇多。抛舍自我，虔诚专事茶艺功德。惟其如此，方能达成慧眼顿开之大愿。

北大路鲁山人制作：红色吴须制茶杯

理虽如此，却未见有人专心一意、贯彻始终于茶事。结果就是如今的现状：从专事茶艺十年、引以为自豪的一百名茶师中，挑出十名具备慧眼者亦非易事。我甚至怀疑，从一千人中也未必能选出五十人。难道茶道正在走向落寞吗？在茶饮进入全盛期的当今，从一百万嗜茶者中，别说十万、五万，三万的慧悟者恐怕也难找出。一切皆因当今的职业茶人，这样讲也未尝不可，但究其根源，责任便自然被推到他们的师傅那里。审美慧眼的修成才是茶趣的根本——这一点我反复强调。如群盲摸象般在茶艺世界里浑浑噩噩度过一生，无法成为受人尊崇的风雅之士。

可是，有人偏偏排斥其他手艺技能不学，以如此一知半解之茶学问为能事，走邪道。不管墙保己一如何学者风度，他是不可能进入茶人行列的，因为他缺乏审美所不可或缺的眼力。

主客五六人的群盲组合，在初级生培养方面即使耗尽终生，也不能盼来真正入道的那一天。

只教初级生，只靠一套书画道具的代用品，永远也建不起可供自己提高学问的资本平台。

之所以如此这般火烧火燎、急不可耐地发炮，是因为我认为的确存在一种每个人都曾有的、探求茶道究竟的初衷，这最初的动机原本应该是清纯、美妙的。可是，受到似是而非的教导祸害，堕入歪门邪道的例子却不少，实在令人悲叹。一年半载的茶艺习练，已经被降格成为陪嫁的附带项目之一，一如听说近来的猴子们也能开动电车时人们心里涌上的佩服之情那样，非常有限。

对现代茶人的批判

在《陶》上，现代著名茶道家松永耳庵告诫我们，身为陶艺家，你们要铭记："必须要懂茶，必须要聆听茶道家的教诲，否则就做不出真正的茶器。"

先生作为日日以茶为伴、深谙茶道且热衷于茶器收集的前辈，作为著有众多茶论专著的专家，这番让陶艺家学习茶道精神的肺腑之言，不仅陶艺家，所有人听到后都会引起共鸣，心悦诚服。可是，我要说的是正是因为松永先生是熟人才更应该作进一步的思考。有这更进一步才可能迸发出新的生命力。松永先生关注的茶碗名品的确是有着旺盛艺术生命力的名作，正是这种生命力赋予它独特的魅力，从而为鉴赏家们喜爱和推崇，经久不衰。正因如此，先生作为有鉴赏力的专家，急盼再度涌现能创作此类名作的大师，这种难以抑制的渴盼我也深有同感。

可是，病急乱投医般地大声呼吁"陶艺家，你们必须要学习茶道，聆听茶道家的教诲……"这样做真的能敲响警钟，带来希望的结果么？或者会不会大家只是随便听听，最后不了了之了呢？我觉得有必要探讨一下这个问题。松永先生的话并非他独创的新说，而是诸多茶道中人老生常谈的内容。是每个人都或多或少曾想说的话，已经太过老套，生出霉点了，现在再说如同拾人牙慧。而松永正是嚼了人家嚼过的馒头。

当然，在能称为陶艺家的创作者中，听到这话感到心情振奋的人也不是没有，但这种训诫如果是太习以为常的老生常谈，不仅会令人不解，而且会像以前毫无效果的尝试一样，被人置之脑后，无疾而终。

特别是如果对方对茶一无所知的话就更是如此了。而且几乎可以肯定地说，许多人平时难得接触到陶器中的名作。如今的制陶匠，要么对茶认识浅，要么虽有志于茶道却没有足够的天资，再或者就是没有天分而与茶无缘，对这些人灌输要了解茶道，只有这样才能创作出出色的茶碗；要开阔眼界多看名作，这样才能领悟其中的秘诀；要向茶道大师请教，这样才能领会茶道精神云云，真不知松永先生指望这些话会有怎样的效果。很难想象这些话会给陶匠的创作带来新的转机或飞跃。这些人往往没有我们想象的那么聪颖，如果他们听到的是“稍微有意尝试茶道学习的人都会听到的老生常谈”，听者很少会把听到的话付诸行动。如果言者有即使听者无意也绝不放弃的诚意，那么他就应该更进一步更加深入细致地对自己的言行进行反思。

首先，要充分认识自我。认清自己是否有能力和资格教导别人“日省吾身”是最为关键的。对茶道精神是否有足够的领悟是非常重大的责任。作为指导者，作为对别人施教的人，必须确信自己的日常生活与茶道精神相一致，真正地把茶道——不是人们常常挂在嘴上的那种——和自身融为一体。即使在茶碗制作手艺上比陶匠略逊一筹，但能写得一手好字，像过去茶道名家的字一样，风流雅致，余韵绵长且恰到好处，毫无庸俗之气。

依我拙见，在我见过的字迹中，元禄之后还尚未出现令人诚服的茶道大家。看看那些盛名在外的茶道名人的笔墨，不论是亲笔的书信，作品的题跋，还是竹花笼或茶勺的落款，均多为俗不可耐的字迹，令人震惊。连以日本茶道为傲的茶人们都这般日渐堕落，怎不叫人扼腕叹息。这到底是为什么，我百思不得其解。这些庸俗的笔墨从何而来，是怎样的土壤使其得以滋生？尤其是诸位茶道嫡系传人，本应作为正宗茶道流派主持人，受到无比的景仰和崇敬。究竟为什么，过去茶道名家必须具备的茶人特有内涵在今天的茶人身上都不见踪影了呢？

作为享有盛誉的业余茶人，明治以后深受瞩目的御殿山也是写了一辈子俗字。啤酒翁、本牧、青山、赤坂等都是屈指可数、众所周知的大家，然而盛名之下的笔墨却令人大失所望，虽字迹工整有力，但气韵皆无，不过匠人之笔。

事至如此，茶道之修养已变了味道，将吾等引入歧途。有人把这怪罪于茶道，认为是茶道给人以错误的引导，如果这样想的话，后面的话就没有必要说了。现在要说的是松永先生提倡“只要接受茶道名师的指点就能创作出优秀的陶艺作品，就能像早期茶人那样书画兼优，正确理解艺术”，在一桩桩实例面前，这说法已经渐渐遭到人们的质疑了，再深情地呼吁“陶艺家啊，你们要学习茶道”之类的话，听的人只会谨慎地一笑置之罢了。不过，我并不是要说茶道教育没有意义，学习茶道只是浪费时间，相反，每每看到没有一丁点茶道常识的人，我就会有些不快。

我要说的是，在鼓吹只要接受传统的茶道教育，陶艺创作者就能充分理解陶器，领悟制陶要领之类不负责任的说法时要慎重。众所周知，即使出生在千家①御用的茶具老店，也未必就能做出体现过去那种茶道精神的作品。仅靠师傅指导未必能创作出优秀作品的事例不胜枚举。从未听说人们夸赞作品时会说，真不愧是名家，作者受过某某茶道大师的指导……这里有许多复杂的要素，所以不能图一时之快，信口胡说。

都说利休首创了长次郎式茶碗，织部陶的做法由古田织部开创，人们对这些说法纷纷附和，可我觉得这种附和应该慎之又慎，不假思索地人云亦云只能暴露说话者的浅薄。因此，我想说，不论对于利休首创长次郎式茶碗的说法，还是织部陶的做法由古田织部开创的传说，今后都

① 译者注：茶道流派。

应该作进一步的考证和探讨。我可不愿鹦鹉学舌。

许多现代人囿于老生常谈的定论，迷信只要听从师傅的教导就一定能创作出有生命力的作品，我深感这种盲从的危险，啰嗦了这许多。

通常，以茶立身的人，也就是在茶道意义上对自己的一举一动都要负责，绝非儿戏。

可是有人满不在乎地背离茶道精神，对那些莫名其妙的观点和庸俗的举动习以为常，言行举止装模作样，甚至可以说它已经沦为虚礼。这就是今天的茶道，除了虚礼一无所剩的茶道。我有些不知趣，说今天的茶人缺乏自省。各路茶人都是乐天派，甚至可以说是头脑简单。其中那些学习了三年茶道的人，那些已经收藏了四五件名品茶具或名画的人通常也只是单纯地沉浸在可笑的无知的喜悦中。在真正在茶道之路上苦苦求索的人看来，他们简直俗不可耐，好比脱离人类社会的猿猴一般。我不禁想到人们常说的自大妄为，指的就是这种人吧。这种人时而像猴子一样装模作样，时而又自以为是地尽情炫耀，有人说这就是典型的令人费解的现代茶人。大多数现代知识分子对这样的现象表示完全不能理解。这两者间难分胜负的较量会无休无止地继续。若有一天两者能决出高下，也必定是两败俱伤。估计在这种情况下能左右逢源的是那些成天绞尽脑汁盘算着茶具买卖的人。买卖茶具的人不仅限于茶具店老板。不少买家有时也会变身为卖家。多大程度上是买家或卖家模糊难辨，真正具有茶道品德的茶人也不知身在何方。

因此，巧言令色不是茶具店老板的专利。有着茶人气质的老主顾们更有强于老板若干倍的巧舌。那种精明几乎让人分不清到底谁才是真正的生意人。而真正具备茶人品德的茶人却不知究竟隐藏在何处。这就是我们看到的现今的茶道界。

总之，这些人有太多俗念，尽管掩饰得很好，但总有一天俗念会使他们丧失分辨事物的能力，再也看不到真正的美。即使名画墨宝在膝下展开，茶具名作就摆在眼前，除了茶具店老板式的老套点评，他们说不出一个新字。再没有比俗念缠身更妨碍我们探求美和真理了。而这些人对如此重要的事情却一无所知。茶具店老板照搬前人说滥了的那一套，茶道爱好者也不经思考就把旧习代代相传，几乎没有人教给后人应该如何培养自己对茶道的理解和鉴赏力。近来从未听说有人发表了独到的见解，这正好说明没有天才的诞生。因此，不懂得美，尚未参悟艺术根本精神的他们不会知道敬畏。他们日常的一举一动、遣词造句等都有固定模式，只限于他们所在的小圈子才受到推崇，有十个人就“十人一样”，都是一个模子里刻出来的。神情全是模仿，声音都是复制。他们身上没有半点个性的光辉，并认为这种僵死乏味的世界才是茶道应有的境界。这，就是现代茶人。因此，他们认为茶人的可贵之处就是对这些模式深信不疑并乐此不疲，若是不以为然就会立刻被当成俗人，扣上不通风雅的帽子。这实在令人哭笑不得。要想把茶道界的这一套规矩记住起码要花三五年时间。此外还要学会那些堪比戏子的俏皮话。在这方面，青山翁等只能甘拜下风，而御殿山之流就可以如鱼得水、左右逢源了。茶会似乎成了滑稽剧、闹剧、耍猴儿、相声，莫名其妙，漫无边际。

我说了许多这样本无恶意的坏话，对现代茶人作了一个简单的评价。其实我是厌恶这样评价他人的，深感失礼于大家。到现在我还质问自己非要把话说得这么恶毒吗？可是要想不文过饰非，直言不讳地把事情说清楚，像我这样做事不周的人就很容易这样出言不逊。事已至此，我不打算对任何字句作丝毫改动。

特别是松永先生，虽说有些咎由自取，但这场口诛笔伐也属意外之灾。我原本丝毫没有利用先生之意，而是迫于文章所需。即使不是松永先生，其他人也大都会有此通病，觉得自己的见地最为高明。发表意见者丝毫不觉得自己口气过大，人云亦云地说些套话也不是事先有什么预谋。非但如此，简直可以说是出于一番好意。

就是因为这片好意，才会轻易认为只要方法对路就能做出古人制作的茶碗。事实上，古人的素养和今天的茶人有着根本区别。创作者所处的社会背景发生了巨大的变化，无形中生活观念也发生了很大的改变。时至今日，想凭一时兴起就改变什么几乎是痴人说梦，我们很难期待有立竿见影的效果。上述好心人完全没有意识到这一点，才会出现松永先生的失言，引起读者的误解。也许是不够成熟才生出这种事与愿违的好心。这些尚显幼稚的人随便用传统的“利休十职”来和今天的十大茶具店作比较，并品头论足，真是不知天高地厚。不光十大茶具店，把任何行当的工匠放到两三百年前，若被人指出手艺不精，悟性欠佳，热情不足，或作品没有灵魂等，这些今天的工匠们估计都不知道对方指的是什么，愣在那里无言以对。

对此毫无察觉的好心人只会对今人的作品表示焦躁，但在旁观者看来，他们才荒唐可笑，结果把原本就一知半解的工匠弄得更不知所措。真没有比这更多管闲事的了。用刚才的话说，这就是没有干涉资格的人进行不正当干涉，没有慎重考虑干涉后果的不正当干涉，没有明确目的的不正当干涉，完全就是好事者故意生出的事端……本来我对评价当今的陶匠多有顾忌，但其实也没什么大不了的。他们在评说茶碗名作的经典之处和各种规则时，与自身的创作实践毫无关联。制锅的师傅、园艺师、劈竹师等热心人士纷纷开谈品评，可终究说的都是些一文不值的东西。这些都已昭然若揭，真正的明白人只会对此哑然失笑，笑那些不知天高地厚的好事者多管闲事。

真正懂茶的人感叹今天的茶碗已不配用来饮茶……很是无奈。不只是茶碗，所有一切不都如此吗，在这惨淡的时世，仅仅凭着对过去一知半解就指望今天有所成就是不可能实现的奢望。寻遍全日本，也找不出一个人能做出我们见过的三百年前的那种茶碗。丰田秀吉下令举办大型茶会的时代氛围如今已无处可寻。过去的一切生于过去的时代，我们应该明白是过去的那个时代造就了它们。今天的社会除了丑陋的茶碗，无法孕育任何美好的事物，因为社会本身已经变得丑陋不堪。置身于如此这般的社会，又如何能期待美妙的茶碗出现呢？觉得凭借临时抱佛脚，仅靠茶道大家的指点就能做出优秀茶碗的想法太过幼稚。如果真是这样，茶道世家的京都乐家就应该代代都有名茶碗诞生。但事实上除了一位，其他乐家传人并没有做出令我们欣喜的茶碗。究竟为什么总是不吉左卫门，而不是吉左卫门不断出现呢？对于在茶道世界里成长起来的代代正宗茶碗世家的继承人而言，创作风格和社会风潮一起衰落下去已是不争的事实，除非出现天才，否则无力回天。若不奇迹般地出现德川末期的良宽和尚这种天才，无论如何难以重现昔日荣光。

御殿山在过去数年间曾在自己家里建造陶窑请来陶工，将其所藏茶具名品展示给他们看，希望他们能获得灵感，创作出再现当年风采的作品，可我们看到这一做法没有任何成效。因为顿翁脱离了真实的创作本身，从而出发点就不符合纯粹的创作精神，自然难免浅薄之恶名。这样一来，毫无疑问艺术会遭遇难产。更何况陶工是赶鸭子上架，指望他们有所建树原本就是滑天下之大稽。更有甚者，竟然明明看到有人出此洋相，自己还跟风学样，御殿山招募陶工，青山翁在自家建造陶窑，人的无知能发展到这种难以置信的地步，我已经无话可说。二者均收藏了众多美术品，但多年来却完全没有领悟美的真谛，实在可悲。不论御殿山还是青山，我都不厌其烦地进行过指导，可惜没有任何成效。

接下来，尽管看到前两个人小丑般地演了一出闹剧，还是又出现了一个叫久吉翁的自以为是的跟风者。此人生性好强，凡事死不服输，傲视天下。就是这位先生在名越自己的府上开建了陶窑，并立下宏愿要重新创作出仁清、志野和井户茶碗，再现它们的神韵。可是他为此请回的工匠却是现代染房的染匠而非茶道中人。有过前面的这一次失败的前车之鉴，久吉翁觉得成败在此一举，所以这一次他请了在濑户的窑厂既打扫卫生又在厨房打下手的陶工，决心一定要好好靠这些人做出仁清、志野和井户般的茶碗……毫无疑问，久吉翁一定是想，过去远州都能指导大家做出名陶，现在即使陶工再笨，也没有我指导不了的……久吉翁一定是这样气焰嚣张地以师傅自居。然而，最后做出来的只是堆积如山的猫食盆儿。

尽管久吉翁最后没有因无脸面对世人而愤懑致死，但七八年后也撒手人寰。没有手艺的匠人，缺乏艺术天分的陶工，对美漠不关心的工匠，毫无个性的众人，内心贫乏、思想苍白的成员，久吉翁竟然指望这样的乌合之众再现罕见的举世名品，真是蠢到极点。

过去的名品是百年一遇的天才作者创作出来的，更是时代的产物。世界上每个国家都有烙印着时代特色的古迹保留到今天。三百年前也好，五百年前也罢，都出现过唯有那个时代才会出现的事物。若追溯到千年以前，我们看到时代创造了更绚烂多彩的美术世界。

从这个观点来说，艺术作品的美和价值是由时代和人决定的。可以肯定地说，没有优秀的作者绝不可能诞生优秀的作品。还有一点毫无疑问，那就是黄金时代造就卓越的人。适逢不济之世，没有栋梁之材，优秀的作品又从何而来。艺术不是科学。科学蒸蒸日上，艺术满目凋敝，这正是当今时代的最好写照。

梅花与黄莺

有一天……我讲的事都发生在“有一天”。喜欢具体标明某月某日的读者可能很不喜欢我把所有的时间都用“有一天”来概括，可我就是这样，一向记不住那些无关紧要的琐事，所以都是“有一天”。

有一天，我和一位和歌诗人聊了聊天。诗人的名字就不说了，不，是忘记了。能让人尊敬到记住名字的和歌诗人凤毛麟角。真能碰上自然是求之不得，但全日本也只有一两位吧。

这是位女诗人。个子高挑，不施粉黛，略有些消瘦。她似乎很想从我嘴里问出点儿什么。

“先生，刚才先生说料理的第一要素是原料，那么能再说说原料的搭配吗?”

我想，对方是诗人，那就用诗歌来说明吧。

于是我说：“听说你从事和歌创作，那我们就先从和歌来看看如何?比如，你打算创作一首关于黄莺的和歌，不，是有创作欲望时，你会用什么来衬托黄莺呢?”

诗人捻着手中的手绢，看了我一眼，然后恭敬地说：“关于黄莺的和歌么?”

“是啊，那个啾啾叫的黄莺。”

诗人轻抬嘴角微微一笑。

我不知道哪里好笑，但她笑了。通常女人在必须张口说点儿什么的时候便会无缘由地发笑，所以我没觉得她在笑我。这位诗人像所有的女人一样呵呵一笑，该不会是在学黄莺吧。

“嗯，要说黄莺的诗，那有很多可写的呢，呵呵。”说完诗人又笑了。女人被问到年龄时通常会呵呵地笑，别人说今天天气真好啊，她们也会呵呵地笑。真有那么高兴吗？其实也没有，女人是不高兴也会笑的生物。

于是我说：“料理也一样，要是你问金枪鱼的生鱼片应该用什么配才好，我说搭配多种多样，这不是跟没说一样么。”

“呵呵。”诗人听完又笑了。笑声娇婉，鸟啼一般。

害怕这样下去没完没了，我只得自己来接刚才的话。

“要配黄莺的话，还是首选梅花吧。”

女诗人一脸惊诧，这一次没有笑。

“先生，”

“嗯……”

“梅花配黄莺么？”

“正是。”

“嗯，梅花配黄莺，这种搭配在和歌中有些太老套了吧……您不这样认为吗？”

“老套的是和歌，梅花年年吐新蕊，黄莺岁岁迎新雏，夫人。”

她手里拧着手绢，犹豫了一会儿要不要说，最后终于顿了顿说：“先生，梅花配黄莺会不会太没有新意了？”

我很愕然，问道：“那我问问你，你为什么要写和歌？不，‘为什么’这种说法不合适，应该说你想通过和歌表达什么？”

“是为了，先生，是为了再现真实的生活。”

“为了再现真实，是不是必须首先发现真实呢？”

“当然是的。”

“那么，黄莺停在什么树上呢?”

“停在，刚才说了啊，各种各样的树上。”

“嗯……有意思，你的黄莺很花心啊，飞到我家院子里的黄莺都落在梅花枝上。每年一到春天，雌黄莺就带着孩子落到梅花枝头并教它们歌唱。”

诗人有些吃惊地盯着我。

我继续说，“之所以有梅花和黄莺的组合，既不是由于念起来上口，也不是因为画起来好看，而是因为那是黄莺按自己的意志自由作出的选择。某位画家看到黄莺总落在梅树上所以动笔画了下来。其他的画家也一样。年年岁岁，画家们一直这样描绘。和歌诗人们也这样吟咏。几度寒暑春秋，梅花配黄莺这种现实生活中的美升华为一种概念美。你想要咏唱新事物。可是，昭和时代的新黄莺还是落在梅树上。你被头脑中的概念所禁锢，所以会觉得‘梅花配黄莺’太没新意，如果通过亲眼观察，亲身体会来创作和歌的话一定不会觉得它陈旧。你说呢?”

梅花上百年前就已经存在，黄莺亦然。料理用的材料也是如此，人类可食用的东西大致就那些种类。我们可以因为某种料理是人们自古以来一直食用的就说它陈旧吗？不妨试着搭配一种从未有人尝试过的料理。饭团寿司配清汤太老套了，那么把清汤换成炸猪排吧。这么做简直荒唐透顶。黄莺好梅，好之而与之和。我们吃完素烧火锅就会想吃茶泡饭。享用西餐前喝一碗开胃汤便会食欲大增，饭菜也会更加可口。凡事皆好之而与之和。自己亲口尝尝自有答案。通常画有老虎的挂轴会配以龙的摆饰，吃鳗鱼时一般会搭配烤海鳗……关键是搭配是否协调、统一。而且我觉得最能体现季节感的搭配最为理想。色彩搭配也要和谐统一。话虽如此，以前人多是照猫画虎地效仿，不明就里。还是不要脱离现实做那些不知所以然的抄袭吧。

诗人静静地用拧了半天的手绢压着鼻头，之后默不作声地思考了许久。是在想料理还是和歌，我不得而知。

大家也可以从自己的现实工作入手，去体会料理的个中道理，自然会有心得。

刨子与女人

茅蜩的叫声带着凉意

我坐在桌子前做菜，客人坐在我对面。

做菜，我一向亲力亲为，一边做一边吃，同时也推荐给客人。

客人是位诗人。

不知道他创作什么样的诗。诗人没给我看过，我也没有主动要求过。反正就是一位诗人。

我喝着啤酒，只喝啤酒。刚洗完澡，身上还带着热气时，一杯啤酒下肚再舒服不过。

我身后，贴着众多细长的字条，上面写着从全国收集的材料，特产的名称。新送来的货品会第一时间写在上面，所以一看就知道现在有什么货，没什么货。

诗人很认真地在看这些字条。

可能是以读诗一般的心情在看。不知道他的诗怎么样反正诗人也是要吃饭的。所以，我觉得他应该读得懂我的用意，因为是诗人嘛，对花鸟鱼虫之类的心思都应该是读得懂的。

我喝啤酒，诗人喝威士忌。

读者反馈卡

尊敬的读者:

非常感谢您购买本书。为能继续提供更符合您要求的优质图书,敬请不吝赐教。抽出点滴时间填写以下调查表寄回,您将自动成为我公司读书会会员,可长期以非常优惠的价格购买本公司其他书籍,免费邮寄,并可定期获赠精美礼品。

北京博闻春秋图书有限责任公司

通讯地址:北京市复兴路甲 38 号嘉德公寓 722 室　邮政编码:100039

电子邮箱:bwcq@163.com

公司博客:http://blog.sina.com.cn/bwcq

书目网址:http://bjbwcq.cn.alibaba.com

1. 您了解《独步天下:日本料理美学的精髓》这本书是通过

□书店　□网络　□熟人推荐　□报刊

2. 您购得本书是在

□新华书店　□书城　□民营书店　□书摊　□网络　□超市

□其他________

3. 您决定购买一本书的因素包括

□内容　□封面　□标题　□朋友推荐　□媒体推荐　□作者

□其他________

4. 您决定购买本书是因为

□关注日本文化 □喜欢作者 □偶然购买 □朋友推荐

□其他________

5. 您购买图书最感兴趣的是

□写作风格 □封面包装 □作者观点 □作者声望

□媒体推荐 □内容 □其他________

6. 您会向他人推荐或者谈论这本书吗?

□会 □不会 □偶尔会 □看看再决定 □其他________

7. 了解本书之后,您对本公司的其他图书有购买可能吗?

□会 □不会 □偶尔会 □看看再决定 □其他________

8. 平常读书时,从行文风格上说,您更喜欢

□严肃深刻 □轻松幽默 □故事性强 □史料性强 □文学性强 □图文并茂 □系统性强 □通俗易懂 □观点独特

□其他________

9. 您觉得本书的优点有(可多选)

□文笔好 □选题好 □封面漂亮 □排版舒服 □价格合理

□手感好 □其他________

10. 您觉得本书有何不足之处,您有何意见和建议?

____

____

11. 有没有您想读但市面上却没有的书?请谈谈您的设想。

____

____

您的姓名________ **性别**________ **年龄**________ **职业**________

邮政地址____

邮政编码____________________ **手机**____________________

E-MAIL ____

MSN 或 QQ ____

因为要往做好的料理上撒鲣鱼屑，我拿出刨子刨。

诗人睁大了眼睛说："先生，这个刨子真大啊，像木匠用的刨子似的。"

"这在木匠用的刨子中是最高级的。"

"不会吧，真浪费啊。"

"为什么浪费呢?"我不解地看着诗人。

诗人也不解地看着用上等刨子刨鲣鱼屑的我。"先生，有这么好的刨子何必用来刨鲣鱼屑呢，用来做木工活不是更物尽其用么。"

"正因为它是完全可以胜任木工活的好刨子，我才用来刨鲣鱼屑的呢。"

诗人盯着我的手看了一会儿，深有感触似的说："先生的料理之所以美味，是因为先生太讲究了。是的，一定是的。说到底，料理还是靠钱堆出来的。"

我不吱声，直到刨完鲣鱼，喝完了一杯啤酒，我才开口："可能正好相反，和你所说的情况。诗人通常不懂钱的价值。"

我把拌好的鲣鱼屑推到诗人眼前。像轻薄光滑的雁皮纸一样，如刚出浴的少女的肌肤一般……

"真漂亮，简直是艺术品，先生。"

"说得对，料理就是艺术。"我继续说，"人们买鲣鱼时是怎样的表现？比来挑去，说这个又大又便宜，或是价格一样的话，还是这个好之类的话，买的热火朝天。然而，等到了要使用的阶段，表现又是如何？大家做的事都跟把鲣鱼随手扔掉一样。鲣鱼是一点一点的刨，而刨子是买一次就可终身受用。薄薄地，薄薄地，你试着这样刨一下看看。做汤汁时也一样，只需要捏一小撮放进去，就能做出美味的汤汁。撒到别的料理上，可口又美观。买刨子时虽然价格略高，但可以用一辈子，用起来很方便。你用这样的刨子刨一下试试，要比那些乱七八糟的刨子好用得多，刨出来的鲣鱼屑也美观经济。有人花大本钱费大工夫买来的鲣鱼，用的时候却暴殄天物。与其像这样奢侈地，而且是体现不出鲣鱼真正香味地使用鲣鱼，还不如用好刨子，原本需用五条鲣鱼，现在只需一条即可。这样做不知道能经济多少。”

诗人赞同地听我说完，然后说：“不过，先生，想把刨子用好很难吧？”

“用那些粗制滥造的鲣鱼刨子使足力气，吭哧吭哧地用刨木屑、沙子般的方法刨鲣鱼，远远不如高级刨子用起来轻松呢。”

“您说得对，先生，刨子、女人都是这样的。”

“此话怎讲？”

“能有个好太太，一辈子省心又享福。”

“哈哈……的确如此。这是相声里的包袱啊。女人和刨子的确很像呢。”

我把啤酒喝完了。诗人继续嘬着威士忌，吟诗一般的念道：“女人与刨子。”

这一次诗人是不是要写一首关于女人和刨子的诗呢。

充分表达很重要

一天，我和一位女士进行了这样的谈话。

“先生，能否就做菜时的注意事项谈谈您的观点呢?”

“哦，你提了个好问题啊。不问我怎么做菜，直奔注意事项而来，有点意思！我认为，首先嘛，要有爱心。不能缺少爱心。”

“嗯，首先是‘不能缺少爱心’吗?”

“是的，就是要诚心诚意。曾经有这样一个故事。有个人住进了别墅，虽说叫别墅，档次千差万别，他住的是属于较差的那种。”

“就像小菅①拘留所那样的吗?”

“嗯，你脑子蛮快嘛。总之，就是那样的独房子。那种地方，每天都会有人送吃的来，主要是盒饭。有朋友送来的，有熟人送来的，有那个人曾经帮过的人或者等他出来后有求于他的人送来的，总之，各种各样的人都来送盒饭。在这所有盒饭中，唯独一个人送来的盒饭，不用狱警通报姓名他便能马上明白。这个人就是他的妈妈。他一下就能认出妈妈送来的盒饭。”

“先生，就是说妈妈做的盒饭里包含着一种特别的爱吗?”

---

① 译者注：东京都葛饰区西部地名，是东京拘留所所在地。

“是的，就是那种超越其他任何人的真爱让那个人有了感应吧。”

“我听明白了。先生，就是说最有爱心的料理应该是妈妈、妻子用心所做的那种了，对吧？”

“你说得很对，正是那样。”

“那么，先生，我想请教：按说自己深爱的女人用心做出的饭菜绝对应该是最好吃的了。可是，事实是：觉得外面餐馆的味道更有吸引力的情况也有。可以说很多人都觉得比起家庭料理，外面餐馆的饭菜更好吃。这又是为什么呢？”

“嗯，你越来越说到点子上了。我记得我刚才是说过‘爱心’、‘真心’之类最重要，但应该没说过‘最好吃’的吧。”

“先生您真狡猾，躲避得好快啊！”

“这不是躲避不躲避的问题，我们俩又不是在玩儿猫抓老鼠。”

“那么，先生愿意给我解释一番了？”

“好啊！真心是第一重要的。不过，单有真心还不够。如果以为这世道只要有真心便无所不能，那不太简单、太天真了嘛！比如说新婚燕尔的一对小夫妻，新娘子所煮的米饭，哪怕其中有很多夹生米，亲手所做的牛排，哪怕硬如鞋底，也一定会令丈夫喜悦、感动的。”

“然而，这种新婚燕尔的特殊时期，小夫妻双方都会失去一定的客观冷静，产生飘飘然的幸福感。这种情形下，前面提到的‘真心’呀、‘爱心’呀之类便不真实。爱心需要冷静的环境。在此环境下，带着一颗‘真心’，把‘爱心’做成有形的东西。只有这样，真心才能得以体现。只在心里想，别人看不见，无济于事。一定要把它们表达出来，表现出来。常言说的‘难以言表’只不过是个借口。不管通过书写，还是口说，一定要充分表达出来。你心里再疼爱对方，对他如何有真情，纵然思绪万千，反正你的肚皮也不会因此而鼓起来。必须把所思所想不断表达给对方。只要有真心就一定能做到。不，应该说不表达就无法自控。当然，要表达就得讲方法、技巧。”

“原来这样啊。比如说在哪些方面呢?”

“终于被你引到你真正想了解的话题上来了啊！哈哈哈!”

“愿听您详细指点。”

“那我就讲了。稍早之前日本有一类称为‘女郎’的女性[①]。”

“先生，我们探讨的可是料理的话题啊。怎么会扯出来‘女郎’呢?”

“你先别急嘛。话就得从这‘女郎’说起。这些人那个方面水平很高，哪个方面你应该知道吧?”

“知道。可那和料理能扯上吗?”

“打个比方嘛。你瞧，你别一脸不高兴，先听我把话说完啊。和自家老婆相比，‘女郎’在那方面技巧极高，很能让客人愉悦、满足。但这毕竟是逢场作戏的时候多。说穿了，就是个生意场。餐饮店的饭菜也是同理。他们知道客人喜好什么，投其所好，目的是为了随后收钱。没有哪个丈夫会给自己老婆什么服务费的吧。可是，做老婆的也不能因此就松松垮垮，不上心。时间长了，有人就会忘记那弥足珍贵的真心诚意。也难怪男人常下馆子，背着老婆养情人。

有了真心诚意，还需要讲技巧。技巧虽不能过分夸大，但也不能忽视。我不敢提倡大家去学过去‘女郎’的做派。但若有真情爱意，那么，在房间养一盆花也算是表白。也没人要求你在老公面前摆媚态，但若是真心喜欢的人，自然就会千娇百媚，连声音都会变得柔和婉转。料理方面也是同理。简单的一个汤，如果饱含真心，则一定不会让人喝出薄情的滋味。

为了出味，多加一小勺味精，也就是想让对方吃得更可口的真情表白。

“先生，我全明白了。我要失陪了。”

---

① 译者注：多指妓女。

"唉、唉，你急什么呀，我才开始讲呢。比如，如何既经济实惠又味美可口地做料理、选材料，等等。还都没说呢，你慌什么呀!"

"我很想继续听您讲……可是我不早点儿往回赶，老公就要下班了。再说，我还要在他回来前做一个插花，稍微化妆一下……

不知怎么的，我觉得自己现在兴冲冲的。以前，丈夫下班回家的时候，我连头发都懒得梳理。这样下去，怎么了得呀！一旦他有了外遇可就麻烦大了。"

"哎呀呀，你不是来讨教做饭菜的吗，怎么听了几句如何为人妻的要领就急着要回家了!"

"谢谢指教。我告辞了……"

个　性

一个晴朗的午后……

这样的开头并不表示我打算拿芥川奖，所以不会写成文学作品，诸位尽可放心。总的说来，现在这个奖那个奖满天飞，好像有点儿泛滥。常务董事和总经理也遍地都是，总让人觉得不大合适。现在在路上遇见朋友，先不说有没有久别重逢的亲切和喜悦，反正对方一定会递过来他的名片。不管多年轻的毛头小伙子，名片上大都赫然印着总经理或常务董事的头衔。不要看到对方是董事长就慌了手脚，这里面电话一台，桌子一张，椅子一把，员工老板就他一个人的董事长有之；银行里有熟人，只负责去那家银行贷款的常务理事亦有之。各种名目的奖项也与此雷同，是不是多得有些滥了？诚然，夸赞一个人远比贬损愉快，但由于捧杀，说不定反而会毁了对方的前程。常有人刚领了某某有一定规格的奖项，但同时也已经一只脚迈进了棺材……

对了，我要说什么来着。嗯，刚才说到“一个晴朗的午后……”我接着说。那天，我带着狗出去散步，不，是和一位小学老师一起去的。这位老师是远道而来看望我的。他是福井人，经常给我送些福井的特产，都是福井特有的好东西。

其中，福井的海胆是全日本最好的。全国各地都出海胆，但估计福井的应该是特别上乘的。福井四箇浦的海胆没有刺，不知道那东西应该叫刺还是针，反正没有那个吃起来嘎吱嘎吱的突起物。打开一看，里面不是其他海胆那种稀软的肉质，而是结成球状，几乎没有水分，像坚果一般紧致的内瓤，掉到地上会发出当啷的响声。把它取出来，放到案板上，仔细搅拌均匀。我就是和这种海胆产地来的人一起去车站。路上，我们遇到在路边玩耍的小学生，他一看到这位老师立刻点头行了个礼。老师回过头来看看我，笑着说："不管我走到哪儿，孩子们都会向我鞠躬行礼呢。不论到哪儿旅游，孩子们看到我都会觉得我是学校的老师。"

这话让我心生敬意，同时也不免有些担忧。总被人当成老师的人无疑是令人尊敬的，但同时也非常寂寞。诚然，正因为被定了型，才能做好相应的教育工作，但由于被贴上了标签，能做的事也仅限于标签范围之内。

料理也是这样。按教科书教出来的料理只能做成教科书上的样子。我绝不是要否定教科书式的典型模式。比起毫无主题胡做一气的料理，有固定做法的料理会像样得多。尽管都是无知，同样上过大学略有雷同的无知远比没上过大学的无知要强。可是，即使上了大学，也只有自己主动想学的东西才能真正学有所得。对于真正想学且切实努力的人来说，根本不需要学校，学校是为那些被动学习的人准备的。如果自己肯努力钻研，就没必要非去学校。话虽如此，不论上学还是自学，乍看学到的东西并没有太大的不同。拿字来说，老师教的"山"字和自学到的"山"字都是同一个字。区别在于，教科书上的"山"字没有个性，而经过自己思考的"山"字有唯有自己才有的个性在里面。自己钻研出来的字有生命力，有思想，有美。而照教科书学到的东西或许是正确的，但正确的东西未必能给人带来愉悦和美的感受。有个性的事物都是喜悦的、高贵的、美好的，并且通过自己若干次失败后也会得到教科书上写有的结果，那就是：正确。我们在有个性的事物身上看到的不是模式、外观和规矩，而是由内至外地散发出来的底蕴，有生命力，有美感，有打动人心的熠熠神采。哦不，想学习教科书的各位但学无妨，只是教科书会教给你生命力、美感和底蕴吗？我们应该记住，现成的东西都无法教会我们如何创造生命力和美感。从教科书式的固定模式开始学习没有问题，可怕的是无形中陷入模式并满足现状。我们必须打破模式，超越模式。抛开模式枷锁，就必须用自己的双脚去探索。单纯是量上的积累，再多也不会给日本人带来幸福。因为有山川河谷，日本才如此美丽；并且山不同形，谷无同状，树与树不同，花与花相异。这些千姿百态的每一朵花儿，最初都是由同样的种子孕育而生。冒出新芽后它们就各自努力按自己的方式生长。

不要模仿，我要说的是不要满足于旧的模式，懈怠了钻研。

不是说读完了这本书就一定能让大家有质的飞跃。我不希望看到你们浅尝辄止，满足于表面。请付诸行动，各自认真地去思考，去钻研，真正地成长起来。千万别随便翻翻就自以为领会了书中的精神。

那么，个性究竟是什么呢？

瓜藤上结不出茄子——这就是个性。

不了解自身的长处，一味羡慕他人是不行的。世间万物，皆有所长。这些长处都有各自的重要性。

不要觉得牛肉很高级，萝卜就不值一提。就像萝卜不能企图变成牛肉一样，我们不要错以为价格贵的菜就是好菜。

吃完牛肉火锅，不管是谁都想来点咸菜，吃两口茶泡饭。做料理时不仅要体现制作者的个性，同时也一定要充分发挥各种材料的特色，注重情趣和美感。

寄语近作陶器之会

料理不能脱离餐具独自存在。

餐具对于料理的意义就好比衣着对于人类。没有衣着人类无法生存，同样料理也不能独立于餐具之外。可以说餐具就是料理的衣着。

那么关心料理的人就不可能不关心作为料理衣着存在的餐具。自古以来，人类对服装款式设计、面料编织及色彩染制等方面投入了极大的热情并取得了显著的进步。料理的衣着——餐具也早在四五百年前的中国明代就已经发展成熟。朝鲜虽没有像样的餐具，但有仿日式陶碗、橡木槌形陶碗、高丽云鹤手碗及其他类似于日本抹茶茶碗的器具。日本也早在四五百年前就已经有大量作为餐具烧制的古濑户、古荻、古唐津、朝鲜唐津等陶器，仅存的那些古物在今天被世人视为珍品，评价很高。另外，仁清、干山、木米等陶艺家成了人们崇拜的对象，深受风雅人士推崇。

可是，眼下的情形，这话本不该由我来说，实在是令人叹息。如今，既没有出现名扬天下的天才陶艺家，也没有能让我敬重的对陶艺无比热爱的大家。这么说可能会招致职业陶艺家及他们支持者的反感，但我宁可遭此憎恶，不顾他们的非议，多年来一直坚持这一看法。我个人虽然力量微薄，但本着坚持古典陶艺家精神为主的态度，时刻关注陶器爱好者的最新动向，将自己的艺术理念与陶艺制作的结合点作为创作精神，十年如一日地坚持陶艺创作。从中我明白了陶器之美、书画之美以及雕刻、建筑、庭院等艺术范畴的美是相通且不可割裂的。所以陶艺家会有仁清风格的纯日式的设计。在制陶用的辘轳、图案、书法、用釉研究上，若没有这些超过常人的聪颖天资是不可能有所成就的。干山不仅有不逊于光琳的绘画才能，还开创了不同于仁清的另一种日式趣味，为我们留下了众多大气畅快的佳作。就算单看绘画也相当了得。

木米就更不用说，他的画市值可达十万左右日元。

以上三位均是通才，光绘画一项也都是响当当的名家。有着如此深厚绘画功底的人能创作出出类拔萃的陶艺作品自然也在情理之中。那些画功拙劣、字迹难看，且完全没有古书画鉴赏常识的人来制作陶器，除了儿戏还能是什么。

现代陶器创作就是在这种大环境下进行的，所以我说可悲可叹。

我并不想作为陶艺家大红大紫，所以完全没有排挤他人、独霸尊荣的小人之心。

我现在只会画这种水平的画，字也只能写到这种程度，不是什么名师大家，可是所幸我热爱书画、篆刻、古书画、古董等，不论古今中外，艺术之作皆我所爱，虽见识浅薄但自认略通风雅。

所以容我斗胆一言，现代陶艺创作者的作品还无法令人满意，我只好自力更生自己进行钻研。何况我是美食家，是以美食研究为工作的人，所以更有责任研究食物的衣着，更加用心地投入陶艺创作。

诸位陶艺家们也请不要视对方为商场上的对手或眼中钉、肉中刺，而应该放宽胸襟广交同人，以陶会友。

正好此次我将在大阪举行近作展，敬请赏光，多加指教。不论是绘画、陶艺还是其他艺术，如果作品本身没有生命力就根本不值一提。

此次我展出的作品若是毫无新意，被指出是粗制滥造品的话，也许

镰仓山崎鲁山人宅邸的京风窑

我会就此断了制陶的念头。反过来如果说虽然作品不够成熟，但气韵生动，有着旺盛生命力的话，我会怀着更大的热情投入创作，努力能为诸位年轻才俊留下些什么。

彩绘菊纹中菜钵

古陶瓷的价值

——写于东京上野松阪屋楼上

展览会的情况如诸位方才听到的那样，我不再重复。主办方让我在这里讲讲古陶瓷为什么价格不菲，我可能讲得不好，权作一家之言简单说几句。

为什么古陶瓷如此珍贵呢？区区一个茶碗，价值一万日元、五万日元，十万日元的也有，更有高达三十八万日元的。这种用土烧制而成的陶瓷器究竟为什么能卖出如此高价，不明白的人估计完全摸不着头绪。也有人会奇怪这些人是不是中了邪，对陶瓷器的喜爱已经到了病态。我以为正是出于这种不解，人们提出了陶瓷器为什么价格不菲的疑问。我觉得会这么问很自然。在不懂的人看来，用黄金做成的茶碗，如果是用来喝抹茶的茶碗大小，大概要花几千日元。即使用铂金来做，价钱也估算得出来。金子也好，铂金也罢，无论如何也做不出那么昂贵的东西。价值二十万日元的东西光看材料是值不了那么多的。照这样说，几乎一文不值的黏土稍一加工，身价就暴涨为一万、三万、五万、十万日元，甚至二十万、三十万日元。我想说说这其中的缘由，可能对今天到场的诸位有一定帮助。如果按原材料计算，会出现刚才我说的情况。不光陶瓷器，以名画为例，大家知道名画动辄几万、几十万日元。要说名画用的材料，无非是高级丝绸、高级纸张或高级墨。但问题不在这里。现在能用来做画的这些材料价格再高也有个限度。用金子画的画就贵了吗?当然不是。众所周知，牧谿、芸阿弥、相阿弥的画作都是水墨画，原料都是不值几个钱，但今天一样能卖几万、几十万日元。陶瓷器也是如此，昂贵的原因不在材料上。

要说古陶瓷在今天之所以如此昂贵，自然是因为它们具有艺术价值。说到“艺术价值”，就要弄清它指的是什么。如今艺术二字被到处滥用，女演员随便跳个舞谓之艺术，流行歌曲录成唱片也谓之艺术。这样，大家就很难理解艺术到底为何物了。所谓艺术，显然不是只有一种形式。我觉得可以当它是一个靶子。比如陶瓷器，其中的佳作自然也少不了这种艺术生命力，同时也兼具美术生命。古陶瓷身价如此之高还有一个原因，就是它是美术品。它有很高的美术价值，所以身价不凡。绘画作品也是美术品，建筑亦然。还有书法，弘法大师、小野道风的墨宝之所以评价甚高也都是因为它们是美术品，纯粹的美术品。陶瓷器也和它们一样，具有美术价值。因此，参照其他美术品，陶瓷器能卖出五万、十万、三十万日元的市价。同样是茶碗，有一日元的、五十钱的，要是现如今做的茶碗，甚至还有十钱左右的。贵的要二三十日元。为何差别如此之大，拿当代制作的茶碗来说，定价时要考虑种种因素，还有作者，商家的销售策略，在打过一系列算盘后，一日元的东西变成了二十日元、三十日元；但古董因年代久远，一般定价都比较合理，所以古董价格一般都是透明的。要问定价标准，还是我刚才说过的美术价值，有多高的美术价值就有多高的价格。说到美术，现在工艺美术一类的说法比较流行，还有一种说法叫纯美术。纯美术与工艺美术究竟有什么区别呢？简单说，工艺美术强调的是技能性，而纯美术追求的是艺术性。

那么，为什么要将两者进行这样的区分呢？当然是有缘故的。同样是美术，可以分为艺术性的和技能性的。我们常说的“什么什么性”就是一种“目标”，它指的是拉弓射箭时的靶子，是艺术追求的目标之一。蓄势待发时可以以艺术为目标，也可以以技巧为目标，世人所说的

“艺”最早便指的这两种“艺”。例如帝展、院展的绘画，雕刻更是一开始就分别追求高度的艺术性和精湛的技巧性。其中，艺术性主要指有思想、有热情等内涵，即艺术性强调内涵而不是外观视觉效果。

以绘画为例，大家知道现在的法隆寺壁画或者推古佛像，它们之所以备受推崇是因为它们有高尚的主题和深刻的内涵。尽管画壁画最初也是一项工作，自然少不了高超的技能，也有一定理性的思考，但有价值的主要还是其主题和内涵。相比之下，技巧性则追求外观效果，主要在视觉效果明显的外观上下工夫。举个极端的例子，如箱根细工，那是一种要花大量时间精力将木块细致拼嵌的手工活儿。不管这种工作有多高的难度，最终还是技巧性的。它讲究外观效果，追求理性思考，但没有思想，没有内涵，所以终究不能划归到艺术阵营。

再比如戏剧，很遗憾我不看这个，如果说最近的演员中谁最具有艺术生命力，应该要数团十郎吧。不论他的照片还是写的字，都彰显出一种艺术气质，所以我觉得只有他才能被称为艺术性的演员。至于是哪种程度的艺术家，我没看过，不敢妄言。但就艺术而言，可以分为许多层次，多则几千、几万，无法计数。这当中有一个中心。属于这个中心的艺术就不称之为“艺术性”，而是真正的艺术。

这样一来，推古佛像、表现为法隆寺佛画的壁画等主题高尚、内涵丰富的作品都可以划入这一“中心”。正因为有这样高度的作品，所以艺术性作品可以分为很多层次。到了这一步才出现真正的艺术，略为偏差的话，便只能称之为带有“艺术性”。若推古佛像是真正的艺术，法隆寺也是，周文同样是。而芜村、应举都在艺术的周边游走，他们的作品还没成为真正的艺术，也就是说它们是有艺术性的，可以当做艺术品。再拿当今的现象为例，若有冒犯还望包涵。比如院展、帝展都有绘画作品展出。私下要介绍参展作者时，会说他的作品入选了院展，在帝展上获得了特等奖，是评委、艺术家之类。听到这样的介绍，对方也会视其为艺术家。可是，这样的艺术家未必能创作出艺术。

我们常把作品入选了帝展、院展的画家称之为艺术家。在介绍这个作者从事的工作时也常以“艺术家”一词概括。可被称为艺术家的人就一定能创造出真正的艺术吗？也不尽然。他们只是在朝着这个目标努力罢了。先不管能不能创造出真正的艺术，至少我们现在不用担心要直接见到本人会惹怒对方，所以可以放心大胆地说，即使是横山大观，也不能说他创造了杰出的艺术。

在我们这些了解古代高雅艺术的人看来，即使是横山已接近艺术“中心”，可是他追求的艺术其他人也在追求。也许今天的人们不再追求，但最初大家都曾追求过。这些人的作品也在艺术“中心”近旁，他们很优秀，但以推古佛像为参照物来衡量的话，这些作品与真正的艺术的差距是显而易见的，简直可以说有天壤之别。所以在我们这些对此有所了解的人看来，之后的天平、藤原、镰仓，还有德川艺术应该和推古有一定距离，这些时代的艺术作品的艺术性要欠缺一些。它们不是那么高雅的艺术，不过也不至于归为技巧性一类。要说技巧性的例子，广为人知的当代烟盒制作者夏雄就是其中之一。像他那样，不论手艺多么精湛都只能是技巧性的工匠，因为从一开始追求的目标就不一样。他的作品是名人之作，且精致美观，所以价格不菲，但它本质上是技巧性的东西。尽管它也具备一定艺术性，但总体上说是技巧性的。这两者是无法分得一清二楚的水和油，多少有些相互交融的部分。要么大部分是技巧性略带艺术性，或者整体是艺术性稍有技巧性的补足。大家是这样认为的吧。

刚才大致说了一下艺术性和技巧性，再回到古陶瓷的话题。古陶瓷这类高雅品之所以会如此昂贵，是因为它们被注入了艺术生命，而通常古陶瓷这种艺术性比较高。陶器，专业上称为磁器，其中有一类叫做青瓷。青瓷价格一般都比较高，因为它多成于中国宋代，在日本多成于镰仓时代。说到镰仓时代的作品，大家都知道那是一个文艺开始繁荣的时代，文艺方面的各个分支都以镰仓时代为标杆，出现了让人充满敬意的工艺——绘画作品。人们熟知的兼好法师当时虽然已经辞世，但现在看来，他所处的乱世实际上是个非常值得尊敬的时代。在日本，青瓷就产生于这样的时代。今天京都一带或大家熟悉的苏山青瓷是参照什么制作的呢？答案是中国的宋瓷。即人们常说的龙泉瓷。由于青瓷出现于中国宋代和日本镰仓时代，所以它是以难以想象的巧妙绝伦的技法制作而成，彰显出高贵出众的气质。尤其是颜色之典雅，为陶瓷器之首。从中可以看出日本人有多么推崇高贵，崇尚典雅。在中国，人们似乎更青睐钧窑瓷，文献上形容它为“雨过天晴”。要形容青瓷的颜色，这个“雨过天晴”正合适不过。那是雨后放晴的天空的颜色。可是这个词究竟说的是哪一种瓷呢？中国人的话会认为是钧窑瓷，而日本人则觉得是青瓷。各人感觉不同，并无对错之分，姑且不论颜色，在创作思想上，它也是独具匠心的。如今不论一把刀剑、一身铠甲，还是佛像，只要是镰仓时代的作品，一般都是古典高雅的。

中国宋代出现过一种叫钜鹿的瓷器，当时正是涌现最为高雅的瓷器的时期。从那时起，只要是青瓷，不论香炉还是花瓶都达到了很高的水准。当时的青瓷内涵丰富，色泽清丽，其中有一种大家很熟悉的青瓷香炉叫胯腰，这种香炉今天要卖到五万、十万、二十万日元。一般它可以作为最高规格的摆饰。与它相匹配，通常要最好的画，装饰也要日本装饰的最高水准，此时壁龛里摆放着著名的乌樟桌案，桌子上只有放上青瓷香炉才相得益彰。像这样网罗顶级物件作为顶级高雅格调的室内装饰时，香炉必须选用青瓷才能令人满意。

当然，懂行的人才这样，若是不懂，可能会觉得有很多有趣的香炉可用，可一旦懂得其中的深意，具备了相当的鉴赏能力，充分领悟了和谐之妙后，不在壁龛里摆上青瓷就无法满意。青瓷大方典雅，近看细腻匀净，整体紧致和谐。换用其他摆件无论如何也达不到整体统一的效果。当你逐渐富裕起来，住上了气派的房子，在家里摆上了高级家具，开始招待贵客的时候，壁龛里就无论如何少不了一座青瓷的香炉了。于是不管青瓷价格多高，你都会想拥有它。自然，青瓷也就成了陶瓷器中身价最高的。自己经历一下就会深有感触，就会深刻体会到别的东西再好，也不像青瓷那样能给人一种充实的喜悦。

身价仅次于青瓷的古陶瓷是茶碗，大家熟悉的抹茶茶碗。它是茶会时最华贵的焦点，再有就是壁龛里的字画挂轴了。茶会时的每件茶具，各处布置都尽显高雅华贵，其中的主角要数壁龛的挂轴和饮茶的茶碗。美术价值越高的茶碗越能使茶会的规格显得高，因而人们自然想得到高级茶碗。刚看到一两个茶碗时，会觉得这个也好，那个也不错，可是渐渐地，把一万、三万、十万日元的茶碗放在一起比较时，就能分出优劣了。可能我说得太直接了，大家不论买鞋也好，买领带也罢，一日元的领带就只有值一日元的美感，三日元的就只有值三日元的美感，这个自己亲自体验一下就能明白。衬衫也是，买了三日元的衬衫觉得穿着暖和，但再买件十日元的就会觉得更好，值这么多钱。再买五十日元、八十日元的东西，最后知道真正的驼绒衬衫是最好的，买过的人会深有同感。再说，在我们穷人看来，那些有钱人虽然富有，但越是这种把钱看得重的人花钱反而越仔细。这些嗜财的有钱人通常不会轻易拿出五万、十万日元的巨款，但他们却为土做的茶碗一掷千金。理由就是，他们充分认识到茶碗具有相当高的美术价值。购买高级茶碗的人形形色色。有的亲自鉴定挑选，有的只有普通人的鉴赏水平，还有不少人是被人怂恿盲目购买。但最终，大家都认可古陶瓷之所以如此昂贵是因为它所具有的高度的美术价值。价格最高的也就是最具美术价值的陶瓷之王。

古陶瓷产地众多，如中国、朝鲜、日本。今天在这里，不是自我吹嘘，近来，日本制的陶瓷器越来越受到瞩目，越来越多的有识之士开始认识到日本陶瓷的优秀之处。我们估计，日本陶瓷最终将站在世界陶瓷界的最高峰。书法也是，就我对书法的研究，日本书法也是最高水平的。日本绘画、建筑都是世界上最优秀的。在中国、朝鲜，绝对找不出任何建筑可以媲美名垂青史的那些杰出的日本建筑。说到日本书法，自古以来就有人们津津乐道的弘法大师、道风、逸势，还有像嵯峨天皇及更早期的三藐院、近卫公等书法大师。德川时代涌现的物徂徕、良宽禅师，还有书法功底更深厚的大德寺的高僧们，他们都有很高的书法造诣。中国书法通常追求书体之美，它是技巧性的，字体结构可圈可点，但书法一旦有某种固定的框架，就只能写出被这种框架束缚的字。中国书法有时会觉得笔墨很有气势，仿佛是精心打扮过的人，容貌姣好，神采奕奕。这种奕奕神采令日本人着迷。

书法之高雅，终究还是源于其具备的高度的美术价值。越优秀的书法作品越体现出更高层次的美术价值。绘画同理，雕刻亦然，它们都是美术价值越高就越受推崇。古陶瓷同样，昂贵的陶瓷器一般都有相应程度的美术价值。不论技巧性还是艺术性的陶瓷，都符合这一定律。非要

北大路鲁山人的书法：人间书道

比较的话，艺术性的陶瓷器的美术价值更高。以绘画为例，应举的画作其实有一大半是技巧性的，另一半是艺术性的。像徂徕之类的作品则几乎都是技巧性的，艺术性只是略有涉及。我想这些作品的艺术价值会经过时间的筛选得到正确的评价。

另外，过去还有一只茶碗价值连城的说法，这在当时也许是出于政治目的和时势考虑，而今天说起陶瓷器价值一万、两万或几千日元，决定他们价值的根本因素则是艺术性或技巧性的属性和其具有的美术价值。经验告诉我是这样。所以，我把陶器和书画雕刻一样当做美术品来看待。另外，我自己也从事陶器创作，所以古陶瓷也是我的教科书之一。在这次展览会上的展品就是我抱着这种想法收集的作品。为何要将其出售？因为它们已经无法给我带来新的感受了。再好的东西，朝夕相处十年后，新鲜感也就消失殆尽了。往坏里说就是厌倦了，往好里说，就是已经和自己融为一体。这时，如果能割爱于其他同好，就有资金再购入能带来新鲜刺激的古陶瓷，这就是我这么做的目的。在某种意义上，这样做可能有些丢人，但我觉得没有别的方法能让我在陶艺创作上更上一层楼。如果我在经济上略有宽裕，即使比不上岩崎、三井，也绝不会做这种拆东墙补西墙的事。实在是迫于无奈，给店里添麻烦了。

彩绘口杯六种

业余爱好者不宜建窑制陶

——曾在制陶问题上惹怒前山久吉先生之过失

一

我自认平日里时刻提醒自己决不做后悔之事，可不知是何缘故，让我悔不当初的事情一桩接一桩地出现，好不困惑。

比如去年激怒前山久吉先生后果就非常严重。那是在三越百货的四层，我的陶作展览会场。在众多的参观者中，花甲之年的前山先生和即将知天命的我，在大庭广众之下相互对骂，现在想起来怎一个悔字了得。

事情的起因是制陶方面的问题，我们意见相左。

前山打算在自己位于镰仓的家中建造制陶的陶窑，当时我说了些多余的话。我和前山本没有多深的交情，还自以为是地叫对方放弃建窑的想法，说自己动手制陶尚另当别论，要想只动动嘴皮让工匠们去做的话，通常会一事无成；即使亲自动手，一窍不通的门外汉光靠业余转一转轱辘，估计三年都做不出个喂猫的食盆儿……我写了封信寄给他，说了很多诸如此类不中听的话。

这一来可惹怒了前山，心想，姓鲁的自己建窑制陶，乐此不疲，却叫我别干，真是不成体统，简直是岂有此理。你小子也太独断专行了……

仔细想想，我竟说他连喂猫的食盆儿都做不出来，话的确说过头了，心里颇为过意不去。所以对方气得想动粗也可以理解。而且，如果我单纯就事论事倒也罢了，问题是我偏偏还有意无意地戳到了人家的痛处。所以不管怎么说，是我人品不好。我深刻意识到，人们常说鲁山人说话不考虑别人的感受应该就是指的这一点。

可是，即使有故意找茬儿的心理作祟，我也是完全发自内心才提出此番忠告，鉴于这份诚意才劝说有鉴赏家之名的前山放弃建窑之举。这一点，自始至终没有丝毫虚情假意，也没有任何刁难之心。

之所以敢说这样的话，是因为我非常清楚前山无意动手制陶，也没有制陶的能力。

自己不动手的话，那么谁来动手？显然，是那些工匠。那么最后的成品就不是前山久吉翁之作，而只能是久吉翁指导，某某工匠之作。这些作品可以称之为私家陶，但靠区区一个工匠做出的私家陶能拿得出手吗？前山自己也很清楚这种私家制陶很难出现优秀的作品。正因如此，有了我的忠告，也刺激了前山，惹得他强烈不满。

用前山的说法，不，前山在三越陶艺展会场是这样严厉斥责我的。“……就算是远州，也不是每个茶勺都亲自一刀一刃削的，那都是让工匠做的。靠的是指导……指导……只要指导对路就能做出来。”前山以为这句话就能驳倒我的制陶观，于是无所顾忌地冲我怒吼。可这只能将他对艺术的无知完全暴露在众人面前，于我，并无大碍。最终，这成了一桩笑谈。接下来，我来说说我的拙见：

1. 首先，前山错把自己和一代茶道宗师小崛远州混为一谈。

2. 没有认识到虽然同为工匠，但今天这些唯命是从的工匠与远州时代的工匠不论个人资质、手艺还是对陶艺精神的领悟都相差甚远。

此外，前山在制陶方面的基础知识虽不能说完全为零，但毫不夸张地说几乎是一张白纸。

以上就是我一定要劝前山放弃制陶计划的原因所在。

光说这些，可能会再次惹怒久吉翁，说我自以为是，狗眼看人低。不过，尽管我言有不周，但接下来我会尽可能说明“业余者不宜建窑制陶”的理由，让读者，不，让久吉翁心悦诚服，毫无留恋地放弃制陶计划。为此，可能会给部分相关人士带来困扰，不过，诸如住友宽一制陶失败的例子，还有赖母木桂吉的九谷窑的话题都会出现，还望见谅。我绝非故意搬弄是非，诋毁他人。还请各位明察，权作参考。

二

为何业余者不能建窑制陶？话不中听，但我还是想说，答案很明显，因为那是无法实现的扯淡。当然，根据当事人期望值的高低，也不是完全不可能。但，至少像前山这样的风雅之士自然是心比天高，所以最终只能沦为无稽之谈。还有想制出伊贺陶的某人、住友、岩崎等富翁以及赖母木之类的业余爱好者，对他们而言，想自己建窑烧制名陶都是不可能的。以我的常识和经验，我可以断言他们只是一相情愿，盲目地追求空中楼阁罢了。

我深知自己杞人忧天，也知道会遭人诟病，但为了把这个问题剖析清楚，让我细细说来。方便起见，我选择了以前山为例，这是综合考虑了之前的失言后慎重作出的决定。因为在过去建窑制陶的上述业余爱好者中，现在仍热衷于此的只有前山久吉翁一人，所以他不幸成了靶子，可不是我非要向前山开战，这一点还望前山谅解。

我不太清楚住友是怀着怎样的期许走上制陶之路的……不过，先生曾向铁城学习篆刻，临摹过富冈铁斋的画作并有作品发表，这表明先生是位兴趣广泛的风雅之人；另外，他还为清湘老人的名画耗费巨资，并把复制品公开发表，凭这一点不难看出先生对制陶寄予的厚望。总之，应该说先生是一位受财阀住友荫庇而不知世事艰辛的大少爷。先不论是否出于这一原因，先生从京都请了一位叫I的陶艺师到镰仓，并在当地建造了一座规模宏大的陶窑，想一偿夙愿。可是，这一时的意气风发没能坚持太久，最后变得焦躁不安，郁郁不得志。要我看这样的结局实在太正常不过，可怜先生一片苦心却竹篮打水一场空。

从住友到岩崎、前山、伊贺、赖母木，那种能促使他们下决心自己建窑制陶的艺术热情我也深有体会。那真是一种不惜代价的无畏之举。然而，这一切最终只能化作春梦了无痕，空留悲切。怪只怪当初的决定太过轻率，怪人们有不深思熟虑就盲从轻信的恶习。总以为只要有制陶师傅亲自指导，就能随心所欲地做出想要的陶瓷器。意在伊贺陶从而决定建窑制陶的人实际上离真正的伊贺信乐还有十万八千里。恕我直言，像请来横滨陶艺师 M，指望他再现古伊贺风采的举动实在是有欠考虑。

前山最初打算重现仁清风格时，好像也从京都请来了陶艺师 K，并寄予厚望。还聘请美术学校绘画专业的学生来绘制仁清风格的图案。此举看似聪明，但作为前山的作品，就太失水准了。而且，这一期望破灭后，他立刻将兴趣转向濑户陶器。一心想在志野、黄濑户、织部等素雅趣味的陶器上有所建树。遗憾的是这些都不是在充分准备和细致调查后作出的决定。他最初请来连仁清风格精髓都没有领会的陶匠就想制作仁清式陶器，结果颗粒无收。这个错误还没有纠正便又一头扎到濑户陶的制作当中。如果我没记错的话，当时也许是顺应时势，前山强迫名古屋出身的有名茶具商关照的濑户陶匠。于是一开始选出的陶匠 B 倒没说难以从命，接着选出的陶匠 K 没怎么考虑就去前山府上工作了。后来这位陶匠和前山各持己见，相持不下，其中不乏种种妥协，直到现在。

一定有人认为我是那种揪住人小辫子不放的人，可为保险起见，我还是要再次强调前山令人大跌眼镜的误解。诚然，前山与茶道结缘后，经手过众多中国、朝鲜和日本的陶瓷器，并反复赏玩。我们这些业余爱好者看到制陶现场后受到感染，立志在这项事业上有所成就，带着满腔的自信、聪慧，为尽快再现志野、黄濑户而寝食难安。

如此聪慧的风雅人士为何会无一例外地为此事头脑发热呢？又为何

都不断重蹈覆辙而无可奈何呢？男子汉立志要做事，但是却轻易立错了志向，岂不是太可惜。大家齐齐在制陶上摔了跟头的原因究竟何在呢？

要我说，既没有什么特别不可思议的理由，也并非因某个突如其来的事件而中途受挫。真正的问题出在各位的期望值和准备工作之间的巨大反差上。试问在他们开始着手制陶之前做了多少准备呢？制陶必备的基本功练就了多少，制陶经验又积累了多少？恕我直言，恐怕他们都是没扛枪就上了战场吧。就这一点，他们不正是聪明反被聪明误吗？

他们自以为陶工做不出来的东西，只要自己亲自在府上指导，费些工夫，有好的创意，那些个染付、赤绘、九谷、濑户、唐津，还有朝鲜、中国的陶瓷器就都不在话下，想做什么就能做什么。满脑子都是我怎样……我怎样……凭我的头脑，凭我的学识，我就是猛虎，一旦虎添双翼，还有什么做不到的事吗？陶工们就是我的双翼，来吧，陶工们，来助我一臂之力吧……诸位如此这般，早就打好算盘，认定只要方法对路就有杰作诞生。诚然，若是当今五条坂或帝展水平的作品，的确可以凭着某种方法上的指导而完成，这一点我可以保证。但诸位最初寄望的那种高水平的艺术之作……陶中名品……我敢说，靠这样的方法是绝无实现之可能的。可以试想一下，由于是制作性很强的陶器，天资聪颖的各位可能还会做些似是而非的美梦，那我们用绘画作个类比。想想看，是否有哪一幅名画是单靠某种技法完成的？请来一些不入流的画家，仅凭某种方法就能让这些人画出名画吗？

据我估计，诸位可能是轻信了过去“宗和造就了仁清”的说法，从而立志成为宗和二世……可是，我可以肯定地说，即使历史上从来没有出现过宗和，仁清依旧是伟大的仁清。如果有人说，全拜宗和的指导才使仁清摇身一变成为天才，那他简直是不可理喻的疯子。更何况他们还不是宗和，也无法发现堪比仁清的天才。这些人不经过千辛万苦，没解决过种种难题，更没有饱览过万卷图书，却想一步登天，实在是让人不能不慨然兴叹。

三

业余爱好者建窑制陶，是为了批量生产谋求利润还是旨在少而精的精品创作，我想这一点不言自明。而若想创作精品以寄托闲情逸致的话，作品的创作者便成为关键，是众人关注的焦点。通常如果没有出类拔萃的作者也不可能出现不同寻常的佳作。这么一来，我们就不得不看看作者是何许人物。

以住友为例，当时的作者是京都的I总监和他手下的两三个无名陶工。前山的话，最早是京都出身的陶工，之后是濑户工匠，都是一两个人。还有赖母木，他的情况略为复杂，据小道消息说，建窑制陶并非他一人的嗜好，而是和加贺山代温泉浴场的九谷窑的某商人之间商议而定，可谓一举两得。不过，在这里已无须特别指出，大家也应该很清楚：这些没有特殊工匠的业余陶窑里根本不可能产出名陶佳作的。原因很简单，因为各家陶窑都不具备胜任的作者。在任何情况下，名作都不会像雨水一样从天而降，它必须是出自作者之手。可有一点让我百思不得其解，那就是上述各家竟指望在没有名作者的前提下还能制出名品，究竟是基于怎样的认识让他们打出这样的如意算盘呢？

之前我也说过，估计只能说是各家过于草率地以为通过自己的指导就能做出古时名品般的杰作。若果然如此，我想请诸位试拿绘画创作作一下类比。不要说云舟、牧豁，试问凭各位的指导能力，能创作出三乐、元信，还有桃山艺术吗？我坚信仅凭一个人的指导，绝不可能诞生非凡的艺术和卓越的美术作品，更何况是个性张扬的艺术。

前山是个绝不认错的人，他在谈到自己建窑一事时宛如在说这不是靠一两代人的研究能够做成的事。话里隐约透露出自己建窑的失败，这不正是替自己遮羞么？

出自前山窑的作品中，志野的釉彩不尽如人意，烧不出特有的红斑，黄濑户的颜色也总是不理想。前山一定认为上述细节都达到完美仅靠一两代人的研究是不可能实现的。话虽没错，但他仅凭一两个工匠花上区区两三年不到的时间进行了一点肤浅的尝试就敢信口说出上述大师才有资格说的话，这种行为本身就是个莫大的过错。

更何况自古以来名人都没有翻版。光悦之后没有光悦，能晃之后也没有出现能晃。能晃之前也自是没有。仁清也是前无古人后无来者。前山煞费苦心想再现的志野在历史上也只在特定的一段时期里出现过。前山凭借区区两三年的经验，就说一两代人的研究不足以实现目标来替自己开脱，实在是错得有些离谱。作为实业家的前山可谓是以聪颖著称的名士，但论起陶瓷艺术，就真是才疏学浅了。

而且，并非懂得鉴赏就会创作。不，懂得鉴赏往往不一定会创作。可以说两者完全是两回事。

上述各家的错误就是没有弄清这一点。很简单，就算有能够分辨墨迹的慧眼，也未必就能写出一手好字；即使懂得牧谿、梁楷画作之妙，也画不出同样的佳作。纵然像前山那样自以为领悟了仁清精神，也不可能仅靠叫来几个工匠就能再现仁清的风采。即使自己有等同于仁清的天资，但如果自己不亲自动手，想再现仁清也是痴人说梦。更何况连制陶基础都不具备的业余爱好者，是根本不可能靠雇来的工人和区区美术专业的大学生打工水平的报酬再现仁清的。对此完全不作考虑，指望轻而易举就能成功，实在是不知天高地厚的妄想。我反复强调，杰出的艺术绝非他人的努力和计划所能成就。

希望大家明白，只有兼具品德高尚的天才独有的真知灼见和纯熟的技艺，才能诞生真正有价值的艺术。也就是说有了出类拔萃的作者才会有出类拔萃的作品，绝非一窍不通的门外汉心血来潮或发号施令就能做到。

在此，希望上述各家“门外汉”能认同这些不可违背的制陶真理。估计放弃了制陶的各位在吃过苦头后已经明白我的话是正确的，而对依然执迷不悟的前山久吉先生，希望他能醒悟过来，知道为何自己所做之事注定徒劳。因为我希望先生作为一个纯粹的鉴赏家，或者有见地的风雅之士施展自己的才华，不愿意看到先生身上那种有识鉴赏家的光环由于一知半解的制陶失败变得黯淡。尽管先生在购买古董方面备受古董商非议，但不管怎么说风雅人士就是风雅人士，而且是最有见地的风雅人士之一。不管先生的购买方式再怎么像茶具商说的那样不够绅士，但我确信先生是很有收藏眼光的人。

这样看来，像先生这样的人主动放弃制陶是多么英明之举，多么显出自己的大家风范。人需要某种程度的自我……可是千万不能明明输了还死不服输。赢就赢，输就输，勇敢面对就好。胜出未必就是荣耀，服输也不一定就脸面无光。啊，一不小心有些班门弄斧了……话扯远了，抱歉抱歉。

四

又要提起前山久吉先生制陶的旧事，实在抱歉。我既不敢保证不会因此引起误解，自己也不是完全没有担忧，只是考虑到现在先生还一心想自己建窑制出理想名陶，就不由得想拿先生做例子。当然，不是因为对方是前山才总是针对他。相信这一点先生也能理解，姑且屈尊做一回业余建窑制陶者的代表。

前山制陶的初衷好像是要再现那个奇才仁清。他再三考虑，打算先让工匠按仁清的风格制作陶坯，再上彩绘，于是请来了美术专业的学生。这是听一位日本画教授说的，说这事儿老被美院校长拿来做谈资。

听了这话，对前山，我真是既同情又无奈。不知道他是怎么理解仁清这个大天才的，反正我无论如何不能理解立下宏愿要再现仁清这样稀有天才的堂堂前山先生，怎么会指望区区一个美院学生画出仁清神韵从而心想事成呢。前山们自己看看，如今陶绘师的水平根本不可能超过清水坡陶器的水平。

也许前山心想，只要有美院学生，他们和一般的陶匠不同，只要指导得当，定能领会精神，画出不俗之作，只要引经据典教给他们，成功就指日可待……前山越想就越得意自己能有如此远见卓识，喜不自禁。如果真是这样，我们对他的远见卓识实在无语，只能说那是出于矛盾和错觉的违背常理的“卓见”。

既然仁清是日本陶艺史上举足轻重的陶艺家，是日本的骄傲，是日本的国宝级人物，那么恕我直言，显然像前山这种以前从未涉足陶艺制作的人，仅凭心血来潮、一时兴起绝不可能重现陶艺大师仁清的风采。何况以区区美院学生的画功就更别痴心妄想了。

如果仁清那么容易模仿，自然就没有多么珍贵。那么特意费尽苦心要再现仁清之举不免会遭人质疑。

恕我冒昧，以我的经验可以大胆地说，如今的陶工都没有领悟仁清的精髓，没有可以胜任的作者。彩绘也是这样。姑且不说美院的学生，就算是教授或者其他的名家，从他们笔下绝绝对对不可能诞生仁清之作。从当代新画反映出的缺乏内涵、空洞乏味就可以告诉我们这一点。一定要矮子里面拔将军的话，鞆彦、古径二人的画技和修为可以榜上有名。又扯远了，不客气地说，如今画家的画作只求形式、外观，却忽视了艺术的必备条件——丰富的内涵。这就好比插花之美。乍一看，它展现了一种不同于有“根”花卉的美，但没有“根”，自然结不出果实。时光倒退三百年，在日本还没有出现纯日本风格的彩陶的那个年代，是仁清这个天才创造性地取得了这方面的成功，在其他各个领域无一不受朝鲜、中国文化影响的当时，只有仁清仿佛对朝鲜、中国的存在全然不知，成功地创作出纯日式彩陶。他的画、他的陶艺造型、他的纹样，都无不彰显着纯粹的仁清式艺术特色和创作精神，因而在今天一直被奉为国宝也绝非偶然。而前山先生能够聚焦仁清，立志再现仁清风采，他那种对美的追求、大无畏的精神和百折不挠坚持引领潮流的努力都让我钦佩不已，不能不赞叹先生的开创精神。但是，很遗憾，先生未能充分征求有识之士的意见，不经过深思熟虑，不进行充分准备就一意孤行，私下找来一两个陶匠，做起青天白日梦。想凭借美院学生轻而易举地再现仁清的那种意境深远的绚烂华美，暗怀野心要做出佳品让所有风雅人士、鉴赏家、陶器爱好者都齐声赞叹，实在百密一疏。现在，先生本已尝尽苦头，应该苦尽甘来，理想却依然遥不可及，可悲可叹。

不过，听说最终连先生这样努力的人也从自己建窑失败中吸取了教训，对空想终会化为泡影有所醒悟，不久前把再现仁清的计划搁置到了一旁……

这个时候……作为前山，如果能明白制陶绝非易事，不意气用事和大家过不去，毅然放弃陶窑，在更广阔的领域指点江山，那么他的机智和男子汉气概会带来转机，大大提升他的形象。可惜他重新置换舞台设备，另寻主题，改头换面开始上演另一出闹剧。当然，他又失败了。错失这一大好的退场机会，令人遗憾。说到二次演出，我等再次为先生深表同情和无奈。

尽管如此，前山比之前有过之而无不及……开始计划制作年代更久远，当今正流行的黄濑户、志野等陶器，并请来了濑户工匠。

前山是个看问题很简单的人，这次他好像又规划起蓝图，指望仅凭濑户陶工一人之力就百分之百地复制出古今闻名的志野、黄濑户和织部时代艺术性相当高的古陶器。我在大约两年前遇到益田顿翁时聊过这个话题。顿翁说："知道吗，前山来我这里，信誓旦旦地说用不了多久一定烧出志野拿来给我看呢……"

听到这话，我有些吃惊。然后想都没想就说："那是不可能的……不管是前山还是其他任何人，谁都做不到。现在没人能做到……也许偶尔会有看上去像志野……像黄濑户的东西，但肯定都毫无神韵，所以尽管乍看相似，实际上没有任何美术价值，自然也就不值一提。我不是评价前山，如果允许我直言不讳，以前山现在对制陶的认识，可以思古，却绝对做不出他说的志野般的陶器。"

顿翁哈哈大笑："那倒是，没那么容易做到呢。一则时代条件不具备，二则也没有你说的那种能胜任的人。但前山夸下海口，说什么不久拿志野来见我，真有意思。”

说完大笑。那口气好像在说前山这个人是个一根筋考虑问题的人。

不过，这时，也许只有我一个人，能体会前山内心这种自负。当时，前山从志野的产地大萱弄到了被认为是过去用来制作志野的陶土。关于前山怎样费尽心机弄到这种陶土一事，还流传着一种有趣的说法。那是我通过星冈窑的学生荒川发现了烧制志野的古窑，同时顺便在山里考察了陶土和其他彩色土，终于发现了制作志野的陶土并带回星冈窑。之后不久，常来星冈窑聊天的前山雇用的某濑户工匠，和在我的陶窑研究濑户陶的A交谈中，聊起在大萱发现制作志野的原土并带回星冈窑之事，于是该工匠报告给前山……接下来可了不得了，按前山的脾气，他像得了宝贝一样，一心念着土、土、土地想把志野原土弄到手，最后终于如愿以偿。当地村民们说，前山派了职员模样的特派使节专程三访美浓久久利村，不惜烦劳那位报信的工匠以及濑户T氏，耗费了巨大的时间和精力。这件事至今还被村民们作为谈资津津乐道。

前山在从那位工匠口中得知烧制志野的原始陶土被发现之后，便迫不及待地打算只要弄到陶土就立刻开工，于是马上派人去了当地。没想到当地村民格外讲义气，说陶土是星冈窑的A最先发现并出资挖掘出来的……不管前山派去的人如何恩威并施也不肯同意。前山心急如焚，多次派人到山里，动员村里的负责人以全村利益进行交涉，终于出资购得了想要的陶土，可谓兴师动众。

这不论是星冈窑的A还是我们，都觉得事情的进展是理想的。理由很简单，因为这正好显出前山最初打算秘密烧制出志野、黄濑户给某人看的幼稚。

可是，不论怎样，艺术的成功都必须依赖于主观信念指导下的实际行动，而前山正好相反，一开始，他的制陶态度完全是客观的。想“指导工匠制作”是第一个客观事实。认为“只要有志野陶土就能重现志野”也是一个客观事实。而这些其实正是前山不论如何努力都无法实现愿望的原因所在。作为旁观者的我只能在一旁干着急。补充一点，这样的例子不止前山一人。

五

我想通过前四节我已经说明了下面这个问题，那就是，业余爱好者只为一时心血来潮就莫名地急切起来，耗尽各种材料忘我地投入建窑，盲目期待做出佳作，无暇反省自己是否已经为成功做好准备就轻率地开始制陶不是明智之举。

文中所举例子主要涉及前山久吉先生的陶窑，是因为他是目前唯一还在坚持制陶的典型业余爱好者代表，实属不得已而为之。即使这样，我还是要为自己给先生造成的困扰表示深深的歉意。

文中有不少冗长乏味、喋喋不休的指责是吧，这也正是在下每每被人批评，说鲁山人说话不考虑别人感受的地方，这一次我又忍不住重蹈了覆辙。

读者和前山一定都不停地在说知道了知道了，我已经知道了，别再说了。

鲁山人说，总之既然是因为喜欢而建窑，那凡事都应该自己亲力亲为，自己动手才有意义。我知道了。

还说即使是自建的私窑，雇用的工匠做出来的只能是私家陶，也就是不能称之为艺术的伪艺术。我知道了。

还有，在自己能够创作之前必须具备一定水准的鉴赏能力，必须要能书会画才行。我知道了。因此不能只装装样子，必须要发自内心全身心地投入。知道了。

而且还需要有天才般高超的技艺是吧，知道了……

靠土做不出来，靠釉彩做不出来，靠学校所学的制陶知识做不出来，靠画工的画技画不出优秀的陶绘。

现在纹样家的水平画不出精彩的纹样，以帝展的工艺水准什么也做不出来。知道了知道了……

可是这样一来，不就是说全世界只有鲁山人一人有资格制陶了吗，拜托……别开玩笑了。我是希望大家即使做到前面所说的一切，依然要不断提高自己对制陶的认识。

我并没有全盘否定，说业余爱好者一定不能建窑制陶。

浮生一日

一日，来了客人，朋友介绍来的。他一见我就问："先生，请告诉我什么是料理的真谛。"

被他这么一问，我立刻回答说："为食而做。"

他对这个回答似乎不甚满意，又问："为食而做，先生，那我们又是为何而食呢?"

"为了活着啊。"

"那为了什么活着呢?"

"为了死去。"

"先生，这话听起来像禅门玄谈一样。"

我笑着说："因为你提的问题太深奥了。你问我的可是料理的真谛呢。用通俗一些的大白话问不好吗？你一定觉得不咬文嚼字就得不到真正的回答和精彩的答案吧。"

对方急忙说："不，不是的……那如果我用大白话问，先生能告诉我真正的答案吗?"

"嗯，用白话问，我就将告诉你一般的答案。"

对方又急忙说："我可不想听一般的答案。先生，我要听的是真正的答案。"

“一般的答案就是最接近根本的真正的答案。你没有看到根本之所在，所以分辨不清。人的耳朵不想听真话，舌头对本原的味道一无所知，所以被蒙蔽了。同样，手也是不按一般的方法操作才会被菜刀切伤。”

“明白了一些，但又不是太明白。”

“是这样的，最一般最基本的往往是很难理解的，不，是人们没有试图去理解……哈哈哈，要是还想问什么，我最近会出一本书，你可以从中寻找答案。虽然书里写的都是理所当然的事，但估计你想问的都在里面。”

“这样啊，那我一定拜读。”

他临走时请我写点儿什么挂在家里的大门口。于是，我铺开彩纸，提起笔。

“是挂在大门口的。”他再次强调。

于是，我写下“大门”二字递给他。

“先生，就是‘大门’这两个字吗?”

“是的。”

客人又一副欲言又止的样子，最后什么也没说就走了。

同样是大门，也有不像大门的大门。刚才那位客人家的大门可能是个儿不像，让人分不清是入口、厕所、换鞋处，还是储物间。不然，他刚才就不会问那些理不清头绪的问题。为了让刚才的客人和去拜访他的客人不至于弄不清大门在哪儿，我才特意为他写下“大门”二字。

若把喜阴的树木种到朝阳的地方，或是把喜欢沙土的树木种到红黏土上，这树就会很可怜。料理同样，大家有没有把本该烤着吃最香的东西拿来煮了，或是本该做成生鱼片的却拿来烤了。刚才，我对那位客人说，料理是“为食而做”，但这“食”，自然不是马或牛来食用。大家是不是觉得制作程序越复杂做出来的料理就越好，越昂贵越高级呢？关于这些，我有很多想说的。我说的内容也许只是料理世界的大门口。可是，各位读者，如果你们要拜访老师，请大大方方地径直从大门进去。如果能顺利进门，也就是说诸位自己亲自走过回廊，得以拜见主人，那么请自己张嘴向主人请教。我这本拙作，即使算不上大门，但若是能带领诸位来到门口，就请各位亲自看一看，听一听，尝一尝。用你们积极清醒的头脑思考，领悟真正快乐的生活。若能如此，在下喜不自禁 。